新能源学科前沿丛书之三

邱国玉 主编

城市水系统与碳排放
Urban Water System and Carbon Emission

秦华鹏 袁辉洲 等 编著

科学出版社
北 京

内 容 简 介

水行业是能源密集型行业。在全球化石能源日趋枯竭和气候变化的双重压力下，节能与二氧化碳减排，将与供水保障、洪涝灾害防治和水环境保护一起，成为未来城市水系统设计和运行的目标。城市水系统的碳排放与城市水量、水质、水压、水温需求密切相关。它取决于系统建设、运行和维护过程中能源和物质的消耗，还取决于水处理过程中生化反应产生的温室气体。本书以评估和管理城市水系统的碳排放为目的，阐述城市水系统与碳排放的基本原理，探讨供水系统、污水处理系统、建筑水系统和雨洪系统碳排放的规律和评估方法，并介绍城市水系统碳减排的途径。

本书主要面向环境与能源学科方向的高年级本科生和研究生，也可为从事城市水资源、水环境和能效管理的人员提供参考。

图书在版编目（CIP）数据

城市水系统与碳排放/秦华鹏等编著. —北京：科学出版社，2014.9
（新能源学科前沿丛书之三）
ISBN 978-7-03-041603-2

Ⅰ. 城… Ⅱ. ①秦… ②袁… Ⅲ. ①市政工程-给排水系统-研究②城市污染-二氧化碳-排气-研究 Ⅳ. ①TU991②X511

中国版本图书馆 CIP 数据核字（2014）第 183710 号

责任编辑：张 震 刘 超／责任校对：郑金红
责任印制：赵 博／封面设计：无极书装

科学出版社出版
北京东黄城根北街 16 号
邮政编码：100717
http://www.sciencep.com
北京厚诚则铭印刷科技有限公司印刷
科学出版社发行　各地新华书店经销

＊

2014 年 9 月第 一 版　开本：720×1000 1/16
2025 年 2 月第六次印刷　印张：14 3/4
字数：300 000
定价：**98.00 元**
（如有印装质量问题，我社负责调换）

致　谢

本书在实验、资料收集、数据解析、案例研究和出版等方面得到深圳市发展和改革委员会新能源学科建设扶持计划"能源高效利用与清洁能源工程"项目的资助，深表谢意。

作者简介

秦华鹏

　　北京大学环境与能源学院教授。清华大学水利水电工程系学士（1991～1996）、北京大学城市与环境学系博士（1996～2001）。2002 年起在北京大学深圳研究生院从城市水环境的教学与科研工作。2008～2010 在英国 University of Exeter 任"玛丽·居里"学者。主要围绕城市暴雨管理和流域水环境修复开展应用基础研究。在国内外重要期刊上发表论文 46 篇。主持/承担了国家"973"项目、国家自然科学基金青年/面上/重点项目、国家水体污染控制与治理科技重大专项、欧盟第七科研框架计划项目、广东省水利科技创新项目等。

袁辉洲

　　深圳职业技术学院建筑与环境工程学院副教授。1999 年毕业于湖南大学土木工程学院市政工程专业，2002 年为英国 Wolverhampton University 访问学者。主要从事城市给水处理工艺技术、城市污水深度处理技术、水处理温室气体排放、小型一体化污水处理装置等研究。重点研究给水处理的运行和管理、污水中氮磷处理技术、微生物絮凝剂研制等，已发表相关学术论文 10 多篇，出版教材 2 部。

总　序

至今，世界上出现了三次大的技术革命浪潮（图 1）。第一次浪潮是 IT 革命，从 20 世纪 50 年代开始，最初源于国防工业，后来经历了"集成电路—个人电脑—因特网—互联网"阶段，至今方兴未艾。第二次浪潮是生物技术革命，源于 70 年代的 DNA 的发现，后来推动了遗传学的巨大发展，目前，以此为基础上的"个人医药（Personalized medicine）"领域蒸蒸日上。第三次浪潮是能源革命，源于 80 年代的能源有效利用，现在已经进入"能源效率和清洁能源"阶段，是未来发展潜力极其巨大的领域。

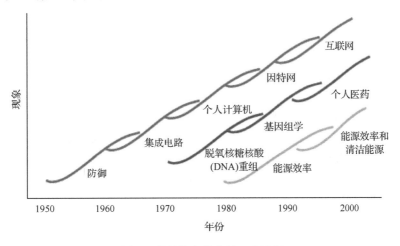

图 1　世界技术革命的三次浪潮

资料来源：http：//tipstrategies．com/blog/trends/innovation/

在能源革命的大背景下，北京大学于 2009 年建立了全国第一个"环境与能源学院（School of Environment and Energy）"，以培养高素质应用型专业技术人才为办学目标，围绕环境保护、能源开发利用、城市建设与社会经济发展中的热点问题，培养环境与能源学科领域具有明显竞争优势的领导人才。"能源高效利用与清洁能源工程"学科是北大环境与能源学院的重要学科建设内容，也是国家未来发展的重要支撑学科。"能源高效利用与清洁能源工程"包括新能源工程、节能工程、能效政策和能源信息工程 4 个研究方向。教材建设是学科建设的基础，为此，我们组织了国内外专家和学者，编写了这套新能源前沿丛书。该丛书包括 13 分册，涵盖了新能源政策、法律、技术等领域，具体名录如下。

基础类丛书：

《水与能：蒸散发、热环境与能量收支》

《水环境污染和能源利用化学》

《城市水系统与碳排放》

《环境与能源微生物学》

《Environmental Research Methodology and Modeling》

技术类分册：

《Biomass Energy Conversion Technology》

《Beyond Green Building：Transformation in Design and Human Behavior》

《城市生活垃圾管理与资源化技术》

《能源技术开发环境影响及其评价》

《节能技术及其可持续设计》

政策管理类分册：

《环境与能源法学》

《碳交易》

《能源审计与能效政策》

众所周知，新学科建设不是一蹴而就的短期行为，需要长期不懈的努力。优秀的专业书籍是新学科建设必不可少的基础。希望这套新能源前沿丛书的出版，能推动我国在"新能源与能源效率"等学科的学科基础建设和专业人才培养，为人类绿色和可持续发展社会的建设贡献力量。

北京大学教授　邱国玉

2013 年 10 月

前　言

（Preface）

在全球气候变化背景下，各区域和各行业都提出了温室气体减排的要求。水行业是能源密集型行业，面临着节能减排的压力。在城市化背景下，随着用水量、排污量和不透水下垫面的增加，城市水资源短缺、水质恶化和洪涝灾害问题也日趋严重。在这种形势下，地下水位下降，需要钻更深的井才能获取地下水资源；城市近远郊的水资源已经不能满足城市扩张的需求，百公里甚至上千公里的引水调水工程成为城市发展必需的保障工程；沿海城市兴建海水淡化工程，以缓解水资源的不足；污水回用工程开始启用，并逐渐成为城市供水的重要组成部分；修建大型污水处理设施，达到更高的处理水平，已成为趋势；为抵御城市内涝，需要不断扩大排水管网，修建大型调蓄池和排涝泵站。然而，无论是抽取深层地下水、远距离引调水、海水淡化、污水回用、提高污水处理水平，还是扩大排水管网，都意味着城市水系统的运行需要消耗更多的能源、产生更多的碳排放。目前的城市水系统仍以供水保障、洪涝灾害防治和水环境保护为目标。但是，在不远的将来城市水系统将增加节能和碳减排的目标，以应对日趋严峻的区域和行业碳减排压力。

城市水系统的碳排放是一个复杂的过程。水系统的碳排放与城市水量需求密切相关。在供水系统中，碳排放还与供水的水源类型、水质要求、用户位置等有关；在终端用水系统中，还与用水单元类型、水温要求等有关；在污水处理系统中，还与处理工艺、进水水质条件和出水水质要求等有关；在排水系统中，还与排水设施类型、输送距离等相关，并且受降雨条件影响。城市水系统的碳排放不仅取决于能源和物质消耗，还取决于运行过程中各种生化反应产生的温室气体。因此，为了评估和管理城市水系统的碳排放，不仅需要了解城市水系统的结构和运行过程，而且还要掌握各过程、各阶段碳排放的规律。

本书分三篇 14 章。第一篇为基本原理（1～6 章），主要阐述城市水文与水环境原理、城市水系统的结构与运行、城市水系统碳排放基本原理等；第二篇为碳排放评估方法（7～11 章），先阐述碳排放评估的一般方法，然后分别介绍供水系统、污水处理系统、建筑水系统和雨洪系统碳排放评估方法，探讨再生水厂污水回用、建筑中水回用、建筑雨水利用及终端用水等环节碳排放的评估；第三篇为水系统碳减排途径（12～14 章），介绍节水和低影响开发雨水管理的碳减排效益，分析城市污水处理系统碳减排的措施。

城市水系统的碳排放是一个较新的研究领域，国内外还没有类似教材。作者主要参考了国内外期刊和研究报告的研究成果和数据，也包括作者近年来针对国内城市水问题开展的研究案例。

本书是"新能源前沿丛书"之一，是十几名师生三年辛勤工作的结晶。全书由北京大学秦华鹏副教授和深圳职业技术学院袁辉洲副教授统稿，各章节撰写的分工如下：第1章（袁辉洲、唐女、秦华鹏）；第2章（郑明凤、唐巧玲）；第3、4、5章（张晓临、赵旺、袁辉洲）；第6章（唐女）；第7章（何康茂）；第8章（宋宝木）；第9章（宋宝木、程翔）；第10章（唐巧铃、程翔）；第11章（郑明凤、秦华鹏）；第12、14章（肖鸾慧、彭跃暖）；第13章（李卓熹、秦华鹏）。谭小龙、王蓉、马共强、陈德坤、杨芳、江燕也参与了资料收集、汇总和校稿工作。北京大学环境与能源学院的邱国玉教授和英国艾克赛特大学水系统中心的伏广涛博士为本书的撰写提供了大量资料和宝贵建议。

在书稿完成之际，请允许我感谢妻子胡守丽对我忙碌工作的理解和支持；感谢不断给我带来惊喜的女儿秦晏容。她们使我的生活充满色彩，也激发着我的灵感。

城市水系统与碳排放的研究方兴未艾，本书编写的内容和提供的研究成果还比较粗浅；同时，由于作者水平有限，难免存在疏漏与不足之处，恳请各方专家、学者批评指正。

秦华鹏

2014年2月于北京大学深圳研究生院

目　　录

第一篇　基　本　原　理

| 第1章 | 概述 …………………………………………………………… 3 |

1.1　城市水系统的结构与功能 ……………………………………… 3

　　1.1.1　城市水系统的结构 ………………………………………… 3

　　1.1.2　城市水系统的功能 ………………………………………… 4

　　1.1.3　城市水系统的演变 ………………………………………… 5

1.2　城市水系统的规划 ……………………………………………… 6

　　1.2.1　城市水系统规划的目标 …………………………………… 6

　　1.2.2　城市水系统规划的原则 …………………………………… 7

　　1.2.3　城市水系统规划的内容 …………………………………… 8

1.3　城市水系统碳减排压力 ………………………………………… 10

　　1.3.1　城市水系统能耗与碳排放水平 …………………………… 10

　　1.3.2　碳减排的相关条约、政策和目标 ………………………… 12

1.4　城市水系统的发展方向 ………………………………………… 15

参考文献 …………………………………………………………………… 16

第2章　城市水文与水环境原理 …………………………………… 17

2.1　水循环 …………………………………………………………… 17

　　2.1.1　自然水循环 ………………………………………………… 17

　　2.1.2　城市水循环 ………………………………………………… 18

2.2　明渠和管道流动 ………………………………………………… 20

　　2.2.1　基本概念 …………………………………………………… 20

　　2.2.2　伯努利方程 ………………………………………………… 21

　　2.2.3　明渠均匀流基本方程 ……………………………………… 23

　　2.2.4　明渠非恒定流基本方程 …………………………………… 24

2.3　地表径流过程 …………………………………………………… 25

　　2.3.1　雨量分析 …………………………………………………… 25

2.3.2 产流分析 ··· 27

2.3.3 地表漫流分析 ···································· 29

2.4 水污染物的迁移转化 ································ 30

2.4.1 城市水体中的主要污染物 ····················· 30

2.4.2 对流与扩散 ······································ 32

2.4.3 吸附与解吸附 ···································· 33

2.4.4 降解与转化 ······································ 34

2.4.5 水质模型 ··· 35

2.5 地表污染物的累积与冲刷 ························· 36

2.5.1 城市面源污染 ···································· 36

2.5.2 地面污染累积 ···································· 37

2.5.3 污染物冲刷 ······································ 38

参考文献 ··· 38

第3章 城市给水系统 ·································· 39

3.1 给水系统组成与结构 ······························· 39

3.1.1 城市给水系统组成与布置 ····················· 39

3.1.2 水源及取水系统 ································· 40

3.1.3 给水管道系统 ···································· 41

3.1.4 城市自来水厂水处理系统 ····················· 43

3.2 给水系统的流量关系 ······························· 46

3.2.1 设计流量 ··· 46

3.2.2 配水管网水力计算 ······························ 46

3.3 给水系统的水压关系 ······························· 49

3.3.1 浑水输水管渠的压力关系 ····················· 49

3.3.2 清水管渠及配水管网的压力关系 ············· 49

3.3.3 水头损失的计算 ································· 50

3.4 给水系统的运行分析 ······························· 51

3.4.1 混凝剂用量分析 ································· 51

3.4.2 过滤材料用量分析 ······························ 52

3.4.3 消毒剂用量分析 ································· 52

3.4.4 能耗分析 ··· 53

参考文献 ··· 55

第4章 城市排水系统 ·································· 56

4.1 城市排水体制 ······································· 56

4.2 城市排水系统组成 ·································· 58

　　4.2.1　城市污水排水系统 ·············· 58

　　4.2.2　工业废水排水系统 ·············· 59

　　4.2.3　雨水排水系统 ················· 59

　　4.2.4　城市排水管道的附属构筑物 ········ 60

　4.3　污水管道系统设计················· 60

　　4.3.1　城市污水管网系统布置原则 ········ 60

　　4.3.2　污水量计算 ················· 61

　　4.3.3　污水管网水力计算 ············· 63

　4.4　雨水管渠系统设计················· 66

　　4.4.1　雨水管渠系统的布置原则 ········· 66

　　4.4.2　雨水管渠设计流量的计算 ········· 67

　　4.4.3　雨水管渠的水力计算 ············ 68

　4.5　合流制管渠系统设计··············· 69

　　4.5.1　截流式合流制排水管渠系统的布置原则 ·· 69

　　4.5.2　截流式合流制排水管渠设计流量 ····· 69

　参考文献 ······················· 70

| 第5章 | 城市污水处理系统 ················ 71

　5.1　城市污水处理原理················· 71

　　5.1.1　概述 ····················· 71

　　5.1.2　预处理 ···················· 73

　　5.1.3　生物处理 ·················· 73

　　5.1.4　消毒 ····················· 78

　　5.1.5　污泥处理 ·················· 79

　5.2　城市污水处理厂的主要工艺··········· 80

　　5.2.1　SBR工艺 ·················· 80

　　5.2.2　A^2/O工艺 ················· 80

　　5.2.3　氧化沟工艺 ················· 81

　　5.2.4　生物滤池工艺 ················ 82

　　5.2.5　生物接触氧化工艺 ············· 83

　5.3　城市污水处理厂运行分析············· 84

　　5.3.1　能耗分析与影响因素 ············ 84

　　5.3.2　物耗分析与影响因素 ············ 86

　　5.3.3　案例分析 ·················· 87

　参考文献 ······················· 90

| 第6章 | 水系统碳排放基本原理 ·· 91
  6.1　水系统碳排放的类型 ··· 91
    6.1.1　按排放方式分类 ·· 91
    6.1.2　按水资源开发利用过程划分 ······························· 93
    6.1.3　基于水系统活动划分 ··· 94
  6.2　水系统温室气体释放原理 ··· 95
  6.3　水系统能耗原理 ··· 98
    6.3.1　水泵 ··· 98
    6.3.2　鼓风机 ·· 98
    6.3.3　搅拌机 ·· 99
    6.3.4　污泥消化池能耗 ··· 99
    6.3.5　建筑集中热水供应系统耗热量 ···························· 100
  参考文献 ·· 100

第二篇　碳排放评估方法

| 第7章 | 碳排放评估方法 ·· 103
  7.1　碳排放评估的研究层面 ·· 103
    7.1.1　国家或地区层面 ··· 103
    7.1.2　企业或组织层面 ··· 104
    7.1.3　产品或服务层面 ··· 105
    7.1.4　个体层面 ··· 105
    7.1.5　水系统碳排放评估的层次 ··································· 107
  7.2　碳排放评估方法 ·· 107
    7.2.1　排放因子评估法 ··· 107
    7.2.2　生命周期评估法 ··· 109
    7.2.3　投入产出法 ·· 113
  7.3　碳排放评估的相关标准 ·· 119
  参考文献 ·· 120

| 第8章 | 城市供水与碳排放 ··· 122
  8.1　供水系统碳排放的类型 ·· 122
    8.1.1　排放方式 ··· 122
    8.1.2　活动类型 ··· 122
    8.1.3　供水过程 ··· 123
    8.1.4　生命周期各阶段 ··· 124
  8.2　供水系统碳排放评估方法 ·· 126

8.2.1　碳排放计算方法 ……………………………………… 126

8.2.2　基于 WEST 的供水系统碳排放评估方法 …………… 127

8.3　供水方案的碳排放比较 …………………………………… 129

参考文献 …………………………………………………… 133

| 第9章 |　污水处理系统与碳排放 ………………………………… 134

9.1　污水处理系统碳排放的类型 ……………………………… 134

9.1.1　排放方式 ………………………………………… 134

9.1.2　污水处理阶段 …………………………………… 135

9.1.3　污泥处理处置阶段 ……………………………… 136

9.2　污水处理系统碳排放评估 ………………………………… 141

9.2.1　基于《IPCC 国家温室气体清单指南》的碳排放评估 … 141

9.2.2　基于 WWEST 的污水处理碳排放评估方法 ………… 144

9.3　污水处理系统管理方式的碳排放比较 …………………… 146

9.4　污水回用与碳排放 ………………………………………… 147

9.4.1　再生水用户及水质要求 …………………………… 147

9.4.2　再生水处理系统 …………………………………… 151

9.4.3　再生水回用的碳排放分析 ………………………… 151

参考文献 …………………………………………………… 153

| 第10章 |　建筑水系统与碳排放 …………………………………… 154

10.1　终端用水与碳排放 ……………………………………… 154

10.1.1　用水单元的用水量 ……………………………… 154

10.1.2　用水单元能耗 …………………………………… 155

10.1.3　能耗与碳排放估算 ……………………………… 156

10.2　建筑中水回用与碳排放 ………………………………… 158

10.2.1　中水的用途与水质要求 ………………………… 158

10.2.2　建筑中水处理与回用系统 ……………………… 158

10.2.3　建筑中水回用的碳排放分析 …………………… 161

10.3　建筑雨水利用与碳排放 ………………………………… 162

10.3.1　建筑雨水的水量分析 …………………………… 162

10.3.2　建筑雨水的水质分析 …………………………… 165

10.3.3　建筑雨水系统 …………………………………… 167

10.3.4　建筑雨水利用的碳排放分析 …………………… 169

参考文献 …………………………………………………… 171

| 第11章 |　雨洪系统与碳排放 …………………………………… 173

11.1　与碳排放相关的排水活动与阶段 ……………………… 173

11.2 城市暴雨径流模拟 174

　11.2.1 地表径流过程模拟 174

　11.2.2 污染物积累冲刷过程模拟 176

　11.2.3 传输过程模拟 176

　11.2.4 模型构建过程 177

11.3 城市暴雨管理的碳排放评估方法 178

11.4 案例分析 179

参考文献 181

第三篇　水系统碳减排途径

| 第 12 章 | 节水与碳排放 185

12.1 节水措施 185

　12.1.1 生活节水 185

　12.1.2 工业节水 186

　12.1.3 市政节水 187

　12.1.4 激励机制 189

12.2 节水措施的碳排放评估 191

　12.2.1 评估方法 191

　12.2.2 案例分析 192

参考文献 194

| 第 13 章 | 低影响开发与碳排放 195

13.1 低影响开发模式 195

　13.1.1 LID 及相关概念 195

　13.1.2 LID 的基本原理 196

　13.1.3 典型 LID 单元 197

　13.1.4 LID 的效益 198

13.2 低影响开发模式的碳排放 198

13.3 案例分析 199

　13.3.1 研究区的 LID 设计 200

　13.3.2 径流计算 201

　13.3.3 碳排放计算 202

参考文献 203

| 第 14 章 | 城市污水处理系统碳减排 205

14.1 设备优选 205

　14.1.1 提升泵 205

　　14.1.2　曝气系统 ·· 206

　　14.1.3　其余设备 ·· 208

14.2　过程优化 ··· 208

14.3　工艺优选与改进 ··· 210

　　14.3.1　一级处理工艺 ·· 210

　　14.3.2　二级处理工艺优选 ·· 211

14.4　能源回收与新能源利用 ··· 214

　　14.4.1　有机能源回收 ·· 214

　　14.4.2　污水中物理热能的利用 ······································ 216

　　14.4.3　新能源的利用 ·· 217

参考文献 ·· 217

第一篇　基　本　原　理

| 第1章 | 概　　述

Chapter 1　Introduction

1.1　城市水系统的结构与功能

1.1.1　城市水系统的结构

城市水系统是由城市的水源、供水、用水和排水四大要素组成，集城市供水的取水、净化和输送，城市排水的收集、处理和综合利用，以及城区防洪排涝为一体，是各种供水排水设施的总称。

城市水系统主要包含以下供排水设施。

1）水源取水设施。包括地表和地下取水设施、提升设备和输水管渠等。

2）给水处理设施。包括各种水质处理设备和构筑物。生活饮用水一般采用混凝、沉淀、过滤和消毒处理工艺流程，工业用水一般有冷却、软化、淡化、除盐等。

3）供水管网。包括输水管渠、配水管网、水量与水压调节设施（泵站、减压阀、清水池、水塔等）。

4）终端用水单元。包括建筑物内部用水管道、用水设备、调节设施（阀门、气压罐、水箱、水池等）、计量升压设备（水表、水泵等）、排水管道、局部污水处理构筑物等。

5）排水管网。包括收集与输送污水（径流）的管渠、水量调节池、提升泵站及附属构筑物（如检查井、跌水井、水封井、雨水口等）等。

6）污水处理设施。包括各种水质净化设备和构筑物。由于污水的水质差异大，采用的污水处理工艺各不相同，常用物理处理工艺有格栅、沉淀、曝气、过滤等；常用化学处理工艺有中和、氧化等；常用生物处理工艺有活性污泥处理、生物膜、生物滤池、氧化沟等。

7）排放和再生利用设施。包括污水受纳体（如水体、土壤等）和最终处置设施，如排放口、稀释扩散设施、隔离设施和污水回用设施等。

城市水系统具有明显的分层结构特征。系统可以划分为水源、供水、用水和排水四个子系统，每个子系统又包含若干个组成要素，系统、子系统和要素之间构成一个逐层分解的三级谱结构（图1-1）。不同层次之间相互联系、相互制约；

同一层内的各子系统或要素之间既有联系，又有矛盾和冲突，需要在上一层次系统中加以综合与协调，以保持系统的整体性和稳定性。

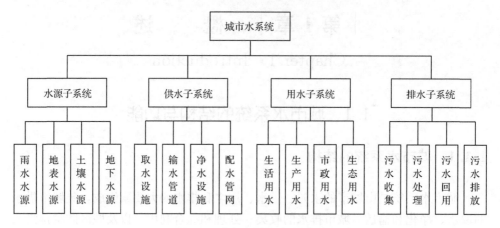

图 1-1　城市水系统层次结构

Figure 1-1　Hierarchical structure of urban water system

从水的循环特征看，城市水系统是水的自然循环和社会循环的耦合系统。城市水系统的自然循环是在自然界力量的作用下水的相态不断发生转化的过程；而水系统的社会循环是从自然界获取水、经过适当处理输送至城市各种水用户、使用后的污水经过净化后又回归自然水体的过程。城市水系统的社会循环起始于自然循环，最后又终止于自然循环，并且依赖于取水、供水、用水和排水四个子系统满足人类生产活动需要，是对城市水系统自然循环的强化。

当天然水体被开发利用进入社会循环时，便组成了一个"从水源取清水"到"向水源排污水"的城市水循环系统，这个系统每循环一次有 20%～30%的水量被消耗，水质也会随之恶化，若将这些污水直接排入环境，会进一步污染水源，从而陷入水量越用越少、水质越用越差的恶性循环之中。为了避免这种恶性循环的发生，必须加强对城市水系统社会循环的控制，尽量减少其对自然水循环的影响。

1.1.2　城市水系统的功能

水系统是城市的重要组成部分，相当于城市的"血脉"。城市水系统给城市社会经济的发展提供支持和保障，城市的发展也会促进城市水系统的发展和完善。城市水系统的功能主要有以下四方面。

(1) 供水保障
向指定的用水点及时可靠地提供满足用户水量、水质和水压要求的用水。

（2）污染防治

将用户排出的污水及时可靠地收集并输送到指定地点，采用恰当的措施处理污水，使其水质达到排放标准，保护环境不受污染。

（3）防洪排涝

在暴雨条件下，城市水系统具有及时排出积水、削减洪峰、保障城市居民生命财产安全的功能。由于城市的规模不断扩大，不透水地面增加，雨水入渗量减小，地表径流量增大，洪峰到达时间提前，造成城市洪涝灾害日趋严重，城市水系统防洪排涝的压力也越来越大。

（4）景观生态

城市水系统还具有景观生态功能。水系统中的洪泛区、湿地及河道等多样的生境给城市生态系统的完整、稳定和发展提供了条件；城市水域还能改善局部的小气候、净化环境，对城市热岛效应的减弱也有明显作用；城市水域景观还给人们提供了视觉上的享受及精神上的美感体验。

1.1.3　城市水系统的演变

水是生命之源，是城市生活和生产必不可少的物质，世界上绝大部分的城市都建设在江、河、湖、海附近或依山傍水地区。城市水系统集取水、供水、用水和排水四大子系统于一体，是城市的重要基础设施。

随着城市的出现，取水和供水系统首先发展起来。两千多年前古埃及建设的马立斯湖，面积达 $12\,000\mathrm{hm}^2$ 以上，是尼罗河流域中的最大蓄水库，可为当时两千万居民供水；纪元前罗马建造了著名的"罗马水道"，它的一部分仍保存至今；1235 年伦敦采用铅管等输水入城；1619 年伦敦创设了新河公司，在全城敷设水管，实现挨户供水；1800 年开始使用铸铁管代替木管等管道，并且出现蒸汽式水泵，促进了城市供水系统的发展。与取水和供水系统相比，排水系统的发展较为迟缓，直到 19 世纪中叶，欧洲城市才开始普遍建造近代排水系统，1898 年出现规模较大的污水灌溉，为城市污水生化处理奠定了基础。

我国近代第一个给水工程于 1879 年在旅顺建成，该工程敷设了长 224km、直径 0.15m 的管道。1882 年上海设立上海自来水公司，1901 年大连建立水厂，之后青岛、广州、南京、杭州、镇江等地也相继建成自来水厂。1879～1949 年，全国修建大小自来水厂达 75 个，但只有少数几个城市建设了污水处理厂和排水系统，而且很不完善。

随着城市的发展，城市水系统不断演变，其演变经历了以下三个阶段。

（1）小型、分散阶段

该阶段城市的规模较小、人口不多、工业企业的分布较分散，城市的用水和污水排放均未形成规模。此时城市供水基本都处于自由开发阶段，就近取用地下水或地表水，普遍采用常规净水工艺。生产和生活污水未处理或经过简单的处理后直接排入自然水体。

（2）大型、集中阶段

该阶段城市人口急剧增长、工业规模日益增大、城市用水量迅猛增长，对水质的要求逐渐提高。大型供水水库开始修建，城市的供水管网系统不断扩大。为了减少污水排放对自然水体的影响，大型污水处理设施开始建造。

（3）可持续发展阶段

在这个阶段，人们已经充分意识到只有合理利用水资源才能实现水与人类的和谐发展，用水健康循环的理念逐步形成；充分使用雨水和再生水资源，供水系统、污水系统和雨水系统相互耦合；大型、集中的水基础设施与小型、分散的生态型供水、排水和水处理单元相互补充。这种系统在满足社会经济可持续发展需求的同时，还能促进生态环境的改善，保证水生态系统的稳定。

1.2　城市水系统的规划

1.2.1　城市水系统规划的目标

城市水系统规划是对城市给水排水系统作出统一的安排，从时序上保证给排水工程建设与城市发展相协调，优化水资源的配置，促进水系统的良性循环和城市的可持续发展。城市水系统规划的目标主要体现在以下四个方面。

（1）保障城市供水

充足的水量、合格的水质和持续的供给是城市供水系统规划的主要目标。供水系统规划是在充分掌握城市发展现状的基础上，结合城市总体规划，对城市现有的管网布局、未来的社会经济发展、人口变化、水源保障和用水要求等情况进行综合考虑，选择合适的水源和相应的供配方式。

（2）保障城市排水

保证城市污水及时顺畅排出，采取合理工艺对污水进行净化和促进污水再生利用是城市排水系统规划的主要目标。排水系统规划要求考察城市、流域甚至区域的水环境情况，对排水体制、主干管渠公布、污水处理厂的规模与布局等进行分析和确定，选择合理的城市排水方案。

（3）减轻洪涝灾害

城市地面径流系数大、建筑密集、交通流量大，因此对防洪排涝的要求较高。城市防洪排涝规划应根据城市的自然地理条件和经济发展情况适当调整规划设计参数，修建水库、堤防、泵站、调蓄工程等防洪排涝设施，降低洪涝灾害对社会的不利影响。

（4）改善城市水生态环境

城市水系统规划还应以防止水生态破坏、维护水生态平衡，促进水生态良性循环为目标。在规划中，以水体为核心，以水环境功能全面达标和生物多样性恢复为目标，以污染控制为重点，以河道治理和水生态体系建设为重要手段，通过水量调度、河湖整治、河道生态修复、截污治理、湿地保护等具体措施，改善城市水生态系统现状，构建和谐自然的生存和发展空间，提高城市形象和改善人居环境。

1.2.2　城市水系统规划的原则

城市水系统规划是城市规划的重要组成部分，在规划过程中应遵循一定的原则，以便更好地保证水与城市发展相互协调。

（1）全面规划，合理布局

城市水系统规划应以城市区域规划和城市总体规划为依据，从全流域或区域的角度对城市功能布局进行统筹安排，协调各方面用水间的关系，满足城市总体布局的要求，使城市水系统成为城市有机整体的重要组成部分。城市总体规划中应考虑城市水系统规划的要求，为城市水系统规划建设创造良好的条件。

（2）综合利用，化害为利

城市水系统规划除了对地下水、地表水资源和外调水进行规划，还要考虑雨水和污水的综合利用。在雨水综合利用方面，应对雨水收集、滞留和下渗设施进行规划，以增加雨水在源头的蓄积和利用、增加雨水入渗、减小城市暴雨径流；在污水的综合利用方面，应尽可能减少污染源，保护水资源，还要结合污水系统的布局对污水回用设施进行规划。

（3）近期与长远规划相结合

城市水系统工程规划要考虑近远期结合，做好分期实施的可能性，其规划的年限应与城市总体规划所确定的年限相一致。

（4）因地制宜和系统优化

应根据当地水文气象、地形地貌、城市性质和规模、社会经济发展情况等，因地制宜地规划城市水系统。规划时，利用系统工程的原理进行城市水系统的优化分析，尽可能地降低工程的总造价和经常性运行管理费用；与此同时，应充分考虑新技术、新工艺、新材料对水处理和管网的影响，对多种方案进行技术、经济方面的比较和优化分析，确定合理、有效、经济的城市水系统。

（5）与其他规划的协调

城市水系统的工程规划应与其他单项工程规划（如城市道路规划、环境保护规划、地下空间规划、防灾规划等）相互协调。处理好与其他地下管线的矛盾，有利于城市工程管线的综合发展。

1.2.3 城市水系统规划的内容

城市水系统规划可分为城市供水规划、城市排水规划、城市防洪排涝规划、城市水生态规划和城市水系统综合规划等，下面就各子系统的规划内容分别进行阐述。

（1）城市供水规划

城市供水规划可分为供水工程总体规划、分区规划和详细规划三个层次。总体规划确定城市供水工程中的一些原则性问题，为分区规划和详细规划提供可靠的依据。分区规划是在城市的各分区范围内，对供水工程总体规划的各项内容进行核实、落实和细化，并根据实际情况对供水工程总体规划进行修正补充。详细规划是根据较明确的用地布局和项目情况，结合城市总体、分区规划的各项要求，作出详细的规定，为工程设计提供依据。

城市供水规划的主要内容包括以下七方面：

1）确定各项工程设计水量和用水量标准，预测城市用水总量；

2）用水规划及水量平衡，满足城市用水供需平衡；

3）合理选择水源，确定城市的取水位置和取水方式；

4）根据城市的特点确定给水系统的形式、水厂厂址和供水能力，选择净水工艺；

5）布局城市输配水管道及给水管网，确定主要供水设施，估算管径及泵站的提升能力；

6）制定水源保护措施；

7）供水规划的效益分析。

（2）城市排水规划

城市排水规划同样也分为城市排水工程总体规划、分区规划和详细规划三个层次。城市排水工程总体规划主要确定雨污水排放的原则性问题，为保证城市良好的水环境建立框架。总体规划要求考察城市、流域甚至区域的水环境情况，分析和确定排水体制、污水处理利用方式、污水处理厂的布置、排污对城市功能布局的影响、雨污水排放标准和治理目标、雨水排放和利用方式、主干管（渠）的分布等，为排水工程分区规划提供有力的依据。分区规划是以总体规划为依据，对排水设施作进一步规划安排和具体化，根据实际情况对总体规划进行修正补充，并且为详细规划提供依据。详细规划是城市排水分区的深化，也是排水工程设计的依据，修建性详细规划根据每幢建筑物的用水量，计算污水排放量等。

城市排水规划的主要内容包括以下七方面：

1）确定排水体制；

2）排污方案的区域性环境分析和污水综合利用措施的制定；

3）确定污水排放标准，预测规划期内的污水排放总量；

4）划分排水区域，估算城市区域降雨量和排放雨水总量，预测污染负荷；

5）进行城市排水系统布局，选择主要泵站的位置、规模和容量，确定排水干管（渠）走向、位置和出水口位置；

6）确定污水处理厂位置、规模、处理等级和用地范围，选择处理工艺；

7）确定城市雨水的资源化方式。

（3）城市防洪排涝规划

城市防洪排涝是一门新型的交叉学科，涉及水文、气象、防洪、排涝、城市规划、交通、环境科学、工程经济等领域。城市防洪排涝能力应与国民经济发展水平相协调，防洪排涝工程的建设既要满足城市御洪的要求，又要考虑城市发展的需要；既要采取防洪排涝工程措施，又要重视非工程措施（信息预警设施等）的构建。

城市防洪排涝规划的主要内容包括以下四方面。

1）根据城市的特点、性质和自然条件，确定城市防洪、排涝区域；

2）调查研究洪涝灾害的历史、现状及其成因，根据防护对象的重要性，结合实际情况合理选定城市防洪标准和排涝标准；

3）分析计算城区各河道现有防洪工程的防洪能力，分析城市洪水出路及现有排涝能力，对超过设计标准的洪水做出应对方案；

4）结合城市的整体规划提出城市防洪排涝整体规划方案，确定规划年限内的城市防洪工程的设计规模和排涝工程设施的位置和设计规模。

（4）城市水生态规划

城市水生态规划包括综合利用规划、水生态保护规划和基础工程规划三方面的内容。

综合利用规划的主要任务是在城市整体空间构架的基础上确定水体功能，合理分配岸线和引导岸线建设，引导滨水控制建设区的布局和构建水系网络系统。城市水体功能的定位要尊重原有的水体功能；若需要调整，应慎重决策，必须经过专题研究之后，在水体综合评价的基础上，充分论证，再进行相应的水体功能调整。确定城市生活性岸线和生产性岸线的分布，充分考虑相关设施的观赏性，形成特色的景观效果。

水生态保护规划的主要任务是建立空间形态保护体系，明确水体水质保护目标，并根据城市发展与水质目标的关系建立以水环境容量为依据的污染控制体系。水生态保护规划包括确定水质目标和制定水质保护措施等内容。水质保护措施包括城市污水的收集和处理，面源污染的控制与处理，内源污染的控制与处理，还包括水生态系统修复等内容。

水生态基础工程规划的任务是落实综合利用规划和保护规划中涉及的基础性工程内容，协调各项工程的相互关系，包括城市水源工程、水体界桩工程、防洪排涝工程、水运及游览航道工程、水环境保护工程等内容，必要时还应包括水生态系统调整工程。

(5) 城市水系统综合规划

城市水系统综合规划的制定要贯彻"系统规划、综合治理"的原则。规划应从区域、流域的角度，综合考虑防洪、排涝、水体环境改善等问题，解决防洪与排涝、上游与下游、堤防建设与河涌清疏、雨污分流与水环境保护、两岸绿化与建设用地等关系，使水系统治理规划成为政府总体规划的一部分。城市水系的治理要遵循整体与生态最优原则，综合考虑水生态、水景观、给水、排水、污水处理、中水回用、排涝和文化遗产、旅游等各种功能的有机结合，与城市基础设施的建设紧密结合。

1.3　城市水系统碳减排压力

1.3.1　城市水系统能耗与碳排放水平

在全球气候变化背景下，各区域和各行业逐渐开始重视能耗和碳排放问题。水行业是能源密集型行业，面临着节能减排的压力。从城市水系统的运行来看，供水系统需要消耗化学药剂和能耗来保证供水的水量、水压和水质要求；终端用水系统的加压、加热需要消耗能量；污水处理系统需要外加能量和化学药剂来维持微生物良好的生存环境和较高的处理效率，同时污染物在降解过程中也会释放 CO_2、N_2O 和 CH_4 等温室气体；排水系统需要消耗材料与能量来保证城市的排水能力。

例如，2009 年重庆市污水处理产生的 CO_2 当量（carbon dioxide equivalent，CO_2e）共 52.92 万 t，其中产生的温室气体主要为 CO_2，排放量为 48.23 万 t；其次为 CH_4，排放量为 4.66 万 t；N_2O 排放量为 0.004 万 t（张成，2011）。

美国加利福尼亚州的城市用水占总用水量的 20%，其城市水系统能耗较大。例如，2001 年与城市用水相关活动（包括供水和水处理、终端用水、污水处理等）的电力消耗约占全州电力用量的 15%，天然气消耗约占全州天然气用量的 31%（California Energy Commission，2005）（表 1-1）。

2006 年英国水系统碳排放量为 4000 万 t 左右，占英国碳排放总量的 5.9%。污水处理行业和供水行业的碳排放合计为 500 多万吨，分别占英国水系统碳排放

表 1-1　2001 年加利福尼亚州城市水系统的能耗水平

Table 1-1　Energy consumption of urban water system in California in 2001

项目	电力消耗（GW·h）	天然气（Therm）*
城市供水与水处理	7 554	19
城市终端水用户（居民/商业/工业）	27 887	4 220
城市污水处理	2 012	27
与城市水系统相关的总能耗	37 453	4 266
全州总能耗	250 494	13 571
与水相关能耗占全州总能耗的比例（%）	15.0	31.4

* Therm 为能量单位，1Therm≈29.3kW·h。

量的 7% 和 4%。终端用水的碳排放占水系统碳排放量的 89%，这是由于部分终端用水在使用前需要加热，这些活动会消耗大量能量（Environment Agency，2008）。

　　加拿大多伦多市的取水和排水均在安大略湖，其人均占有水资源量高，水系统的主要问题是水污染防治。多伦多市污水处理的碳排放强度为 128.13 g CO_2e/m^3（Friedrich et al.，2009）。

　　南非的水资源短缺，年均降雨量仅 450mm，蒸发量远大于降雨量，水库蓄水或者隧道调水是南非传统水源。随着人口和经济规模的增长，城市用水量增加，南非水务部门采取了多种措施缓解城市水资源短缺问题，如污水回用、海水淡化、人造雨、抑制蒸发量、冰山利用、从大气抽取水分和跨区域引水等。据统计，南非水系统中，水处理、配水和污水回用的碳排放强度分别高达 219gCO_2e/m^3、139gCO_2e/m^3 和 150gCO_2e/m^3（Friedrich et al.，2009）（图 1-2）。

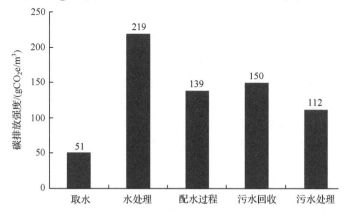

图 1-2　南非水系统的碳排放强度

Figure 1-2　Carbon emission intensity of water system in South Africa

1.3.2 碳减排的相关条约、政策和目标

目前，不同国家和国际性组织对于碳减排提出了不同的目标，采取了不同的政策和措施。

(1) 欧盟

欧盟的气候保护政策于 1991 年启动，2000 年欧洲气候变化计划（European Climate Change Program，ECCP）出台，此后欧盟委员会依据该计划会同工业、环保组织及其他利益相关方采取相关措施实施减排。ECCP 的直接目的是执行和实施欧盟在《京都议定书》中所作的承诺。

此外，在 2008 年欧盟各成员国达成了气候和能源一揽子计划。计划在 2020 年达成 20-20-20 的目标，即：①预计 2020 年 CO_2 排放量比 1990 年降低 20％以上，若世界上其他工业国家也采用同样的计划，预计将减少 30％以上；②2020 年能效提高 20％；③2020 年欧盟范围内新能源的使用占所有用能的 20％，其中生物燃料的使用占矿物燃料的 10％，且这些生物燃料的制造满足持续有效的标准。

(2) 英国

英国政府建立了一系列切实可行的碳排放制度和工具，确保温室气体减排目标的实现。现行的碳减排计算和报告制度主要有三个，即欧盟排放交易体系（European Union Emissions Trading Scheme，EU-ETS）、碳减量承诺能效体系（Carbon Reduction Commitment Energy Efficiency Scheme，CRC）和气候变化协议（Climate Change Agreements，CCAs）。前两个制度是强制实施的，CCAs 为自愿性质。

CRC 作为一种为扩大目前排放交易计划而引入的碳预算方案，要求大型公共部门及企业实行 CRC 减排计划，以提高能源效率并降低碳排放。政府的目标是以 1990 年的碳排放为基准，到 2050 年减少 80％。通过对碳定价并提出可提供的补助资金上限，从财政上刺激减排。

CCAs 是英国政府与企业之间达成的自愿协议。协议规定，如果能源密集型企业能够实现难度大、效益高且能效好的节能减排目标，政府可减免征收其 20％的气候变化税。该制度于 2000 年正式实施以来，能源密集型工业减排效果显著。CCAs 计划于 2010 年失效，但获得联邦补助后可能会延续至 2017 年。

(3) 美国

美国的气候政策在最近三位总统的任期内经历了较大的变化，而气候政策因为总统所属党派及国际国内形势的不同而显示出其鲜明的特点。

1）克林顿政府时期（1993～2000 年）。克林顿执政期间通过了一项深刻影响美国气候政策走向的法案，即《伯瑞德海格尔决议》。此法案定下了美国参与

国际气候谈判的主要基调，尤其将发展中国家的减排行动与美国参与国际气候谈判的捆绑关联，由此要求发展中国家进行强制性碳减排。此外，克林顿政府虽然最终签署了《京都议定书》，但是以其有缺陷和不完整为由，未将其送交参议院批准生效，故未对美国产生约束力。

2）小布什政府时期（2001～2008 年）。2001 年小布什政府宣布退出《京都议定书》。2002 年 2 月小布什政府推出其"全球气候变化倡议"（Global Climate Change Initiative，GCCI），其核心内容是在十年内将美国温室气体排放强度降低 18%，每百万美元 GDP 的碳排放从 2002 年的 183t CO_2e 降至 2012 年的 151t CO_2e。

3）奥巴马政府时期（2009 年至今）。奥巴马上任伊始就宣布了高达 7870 亿美元的经济刺激方案，其中发展绿色经济的方案中直接投资的款项就达 622 亿美元，还有 200 亿美元的投资用于鼓励绿色经济发展的减税政策，并表示致力于在 2050 年之前使美国温室气体排放量比 1990 年减少 80%。

奥巴马推动美国政府出台"清洁能源与安全法案"（American Clean Energy and Security Act of 2009，ACES 法案，或者简称 Waxman-Markey 法案）。法案以微弱优势获得众议院通过，但参议院尚未通过，正式生效尚待时日。法案提出了美国的减排目标，即以 2005 年为基准，到 2020 年和 2050 年分别减排 17% 和 80% 的温室气体。

同时，美国地方政府及民间组织积极参与碳减排活动。2006 年，美国加利福尼亚州通过了加利福尼亚全球变暖解决方案，这是美国州层面第一个具有法律效力的减排行动方案，减排目标是 2020 年维持在 1990 年水平或比预测情景减排 25%。此外，地方政府的探索还包括 2003 年 4 月由纽约州长发起的"区域温室气体主动性减排"、2007 年 2 月的"西部气候应对行动"和 2007 年 9 月的《中西部温室气体协议》等。这 3 个行动计划一共包括美国的 23 个州，人口和 GDP 占到美国的 1/2，温室气体占 1/3。此外，2012 年 1 月美国加利福尼亚州通过了《碳排放总量与交易法规》，计划到 2020 年，加利福尼亚州的碳排放量降低至 1990 年水平。美国地方政府的多样化减排行动在稳步推进，通过国家层面的减排努力所减少的温室气体已经占到温室气体总排放量的 53%。

美国气候变化行动伙伴的成员企业，如杜邦、通用电气、杜克能源等，于 2007 年 1 月共同拟订协议，将其减排目标设定为：5 年内温室气体排放为当前水平的 100%～105%，10 年内为当前水平的 90%～100%，15 年内为 70%～90%。2007 年巴厘岛联合国气候变化大会召开时，美国有超过万人参与了气候保护联盟组织的签名请愿，强烈要求与会各方立即对全球变暖采取强有力的应对措施。

(4) 日本

20 世纪 90 年代初，日本政府制定了《防止全球变暖的行动计划》，力图将日本 2000 年的人均 CO_2 排放量稳定在 1990 年水平。2002 年日本批准了《京都议定书》并承诺，以 1990 年为基数，在 2008～2012 年前减 6％的温室气体排放。但在 1990～2000 年，日本的温室气体排放却增加了 8％，每年 CO_2 排放量达到 12.4 亿 t。

由于日本的温室气体排放量大大超过了 1990 年的水平，在碳减排方面需要采取更严厉的对策。为此，1999 年 10 月日本通过了《地球温暖化对策推进法》。该法在明确国家、地方政府、国民各自责任的同时，鼓励各单位制定自主减排计划并公布减排情况，以期促进各单位广泛参与和执行温室气体减排任务。

日本政府在 2009 年哥本哈根联合国气候变化大会上作出承诺，以 1990 年为基数，到 2020 年削减 25％的温室气体排放。这是日本政府对《京都议定书》第二承诺期的承诺。但是在 2010 年坎昆气候变化大会上，当时的日本代表团曾公开否定《京都议定书》，之后一直对《京都议定书》第二承诺期持拒绝态度。

(5) 中国

1992 年，中国批准《联合国气候变化框架公约》，成为第五个批准该协议的国家。对于 1997 年通过的《京都议定书》，中国考虑到自己仍处在工业化发展过程中，参加公约对于清洁发展的影响尚未经过周全的评估，对于清洁发展机制带来的影响及效益尚不明确，因而并未立即签署，直到 2002 年才正式成为第 37 个缔约方。

2007 年，中国颁布《中国应对气候变化国家方案》，提出了中国气候政策的主要目标，即到 2010 年，实现单位 GDP 能源消耗比 2005 年降低 20％左右；力争使可再生能源开发利用总量（包括大水电）在一次能源消费结构中的比例提高到 10％左右；到 2010 年，力争森林覆盖率达到 20％，实现年碳汇数量比 2005 年增加约 0.5 亿 t CO_2。从 2008 年开始至今，每年度的 12 月，中国政府均发布《中国应对气候变化的政策与行动》年度报告白皮书，对国家在应对气候变化领域所采取的措施行动和取得的成绩进行总结报告，并颁布相关的数据信息。

2009 年哥本哈根联合国气候变化大会上，时任总理温家宝代表中国政府承诺到 2020 年的行动目标：CO_2 排放强度较 2005 年下降 40％～45％，非化石能源占一次能源比重达到 15％左右，同时要增加 4000 万 hm^2 的森林面积和 13 亿 m^3 森林蓄积量。此后全国地方政府积极响应，如广东省在《"十二五"控制温室气体排放工作方案》中明确提出：在"十二五"期间，广东省碳排放强度要下降 19.5％；深圳市也在《广东省低碳试点工作实施方案》指出，在"十二五"期间，碳排放强度要下降 21％。

1.4 城市水系统的发展方向

如果未来城市继续扩张、人口和经济继续增长、气候继续变化，城市水系统将面临更严峻的挑战。

在人口和经济快速增长的驱动下，城市利用水资源的速度远远超过了水资源自然恢复的速度；气候变化影响下，未来极端干旱的天气将日趋频繁，进一步加剧水资源短缺。在这种情形下，地下水位下降，需要钻更深的井才能获取地下水资源；城市近远郊的水资源已经不能满足城市扩张的需求，百公里甚至上千公里的引水调水工程成为城市发展必需的保障工程；沿海城市大规模兴建海水淡化工程，以缓解水资源的不足；污水回用工程开始启用，并开始成为城市供水的重要组成部分。

城市化造成不透水地面增加，地表径流系数加大，汇流时间缩短，径流洪峰提前，径流峰值提高，增大了城市低洼和下游地区发生内涝的风险；气候变化影响下，未来极端暴雨的天气也将日趋频繁，进一步加剧城市洪涝灾害。为抵御城市内涝，需要不断扩大排水管网，修建大型调蓄池和排涝泵站。

随着人口和经济的增长，生活污水和工业废水的排放增加；同时，城市用地面积的增加，造成城市面源污染问题也日趋严重。城市饮用水源和其他环境水体受污染威胁的程度加大、种类增多。此外，随着生活水平、健康和环保意识的提高，人们对饮用水和环境水体水质提出了更高要求。因此，修建大型污水处理设施，达到更高的污水处理水平，将成为未来的趋势。

无论抽取深层地下水、远距离引调水、海水淡化、污水回用、扩大排水管网，还是提高污水处理水平，都意味着未来城市水系统的运行需要耗费更多的能源、产生更多的碳排放。显然，如果在应对城市水资源短缺、城市内涝和水污染等问题时不注意降低能耗和减少碳排放，那么碳排放的持续增加将有可能进一步加快全球气候变化，并使城市水问题陷入恶性循环。

为了应对城市化和气候变化压力下所面临的城市水资源短缺、城市内涝、水污染和碳排放等问题，未来城市水系统应朝着以下几个方向发展。

（1）以水量水质保障、灾害防治和碳减排为城市水系统设计目标

现有城市水系统的设计以供水保障、洪涝灾害防治和水环境保护为目标。在已有设计目标的基础上，未来的城市水系统设计还应增加能耗节约和碳减排的目标，以应对全球和区域碳减排的压力。

（2）形成集中与分散并重的城市水系统结构

现有城市水系统在结构上具有重集中轻分散的特点。大型集中式供水、污水处理和排水设施是支撑大城市发展的基础设施。然而，一方面，将供水、污水和雨水大规模的输送需要大量能耗；另一方面，在应对气候变化造成的天气极端化和不确定性时，大型集中式基础设施缺乏灵活性和韧性，一旦失效，有可能造成大范围的灾害。从节能减排和应对气候变化角度看，单一的"大型集中"并不是未来城市水系统的最佳结构。因此，有必要增加小型分散的水系统设施，在一定程度上实现雨水和污水的就地处理和利用。未来城市水系统的结构应该向集中与分散并重的格局发展。

（3）形成跨部门和行业的城市水系统管理体制

现有城市水系统内部子系统的管理泾渭分明，城市供水、排水、水环境管理相互分割。基于城市水健康循环的理念，人们已经提出了许多模式，如"节制地取水—净水—用户节约地用水—污水深度处理—再生水循环利用—排放水体不产生污染"、"雨水下渗和蓄存—雨水就地利用—减少径流和面源外排"等。这些模式符合可持续发展和低碳循环的原则。这些模式的推广需要打破现有条块分割的管理，形成跨部门和行业的城市水系统管理体制。

综上所述，为了应对城市化和气候变化压力下所面临的城市水问题，有必要理解城市水系统中碳排放的基本原理，掌握城市水系统各单元碳排放的规律和估算方法，了解城市水系统中节能减排的基本思路，为设计、规划和管理未来的城市水系统提供科学理论和方法的支持。

参 考 文 献

陈吉宁，董欣. 2007. 城市水系统的发展与挑战. 给水排水，9（33）：1-16.

陈卫，张金松. 2010. 城市水系统运营与管理（第二版）. 北京：中国建筑工业出版社.

邵益升. 2004. 城市水系统控制与规划原理. 城市规划，2：62-67.

宋和兰. 2005. 城市水系统规划概述. 城市规划通讯，12：13-14.

孙增峰，姜立晖. 2011. 城市水系统规划有关问题探讨. 建设科技，9：70-71.

张成. 2011. 重庆市城镇污水处理系统碳排放研究. 重庆：重庆大学博士学位论文.

California Energy Commission. 2005. California's Water-energy Relationship. Sacramento, CA：California Energy Commission.

Environment Agency. 2008. Greenhouse gas emissions of watersupply and demand management options. Rep. SCHO0708BOFV-E-P.

Friedrich E，Pillay S，Buckley C A. 2009. Carbon footprint analysis for increasing water supply and sanitation in South Africa：a case study. Journal of Cleaner Production，17：1-12.

| 第 2 章 | 城市水文与水环境原理

Chapter 2 Principles of Urban Hydrology and Water Environment

2.1 水 循 环

2.1.1 自然水循环

自然水循环是指地球上各种形态的水，在太阳辐射、地心引力等作用下，通过蒸发、水汽输送、凝结降水、下渗以及径流等环节，不断地发生相态转换和周而复始运动的过程（图 2-1）。

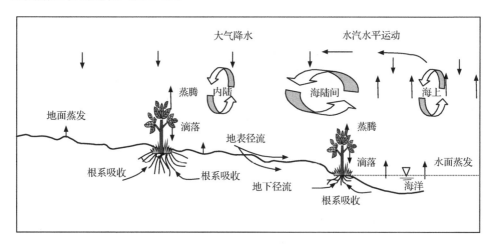

图 2-1 自然水循环过程

Figure 2-1 Natural water cycle processes

自然水循环过程一般包括蒸发、水汽输送、凝结降水、下渗以及径流。

（1）蒸发

蒸发是水分通过热能交换从固态或液态转换为气态的过程，是水分从地球地面和水体进入大气的过程。陆地上年降水量的 66% 是通过蒸发（包括蒸腾）返回大气的。蒸发主要包括水面蒸发、土壤蒸发、植物蒸发等。蒸发首先取决于热能的供应，其次还受到水温、气温、风、气压等气象因素的影响。

（2）水汽输送

水汽输送是指大气中的水汽由气流携带着从一个地区上空输送到另一个地区的过程。大气中的水汽含量虽然只占全球水循环系统中总水量的 1.53%，但却是全球水循环过程中最活跃的成分。正是由于大气中的水汽如此活跃的更新和输送，才实现了全球各水体间的水量连续转换和更新。

（3）凝结降水

降水是水汽在大气层中微小颗粒周围进行凝结，形成雨滴，再降落到地面的过程。降水的特征常用几个基本要素来表示，如降水量、降水历时、降水强度、降水面积及暴雨中心等。与降水有关的气象因素有气温、气压、风、湿度、云、蒸发等。

（4）下渗

下渗是指降落到地面上的雨水从地表渗入土壤内的运动过程。按照水分的受力和运动特征，下渗可分为三个阶段：渗润、渗漏、渗透阶段。影响下渗的主要因素有土壤因素（包括土壤均质性、土壤质地和孔隙率等）、土壤初始含水率、地表结皮（表土结皮能减少入渗量）、降雨因素（包括雨型、降雨强度等）和下垫面因素（包括植被、坡度、坡向、耕作措施等）等。

（5）径流

径流又称为河川径流，即地表径流和地下径流、壤中流之和。在大气降水降到地面以后，一部分水分通过蒸发返回到大气；一部分通过下渗进入到土壤（包括植物吸收、壤中流）；一部分可能蓄积在地表低洼处；剩余的水量在一定条件下可能会形成地表径流，当下渗的水量达到一定程度后会形成地下径流。在水文循环中，大陆上降水的 34% 转化为地面径流和地下径流汇入海洋。影响径流量大小的主要因素包括流域气象条件（如降水、蒸发、气温、湿度、风等）、地理位置、地形条件、植被以及人为因素（如水利工程、开垦、城市建设等）。

从长时期来看，地球上的水循环处于相对平衡状态。假设任一时段内，区域水量收入与支出项代数和为零，则天然流域水量平衡式可表达如下：

$$P - E - R \pm \Delta W = 0 \tag{2-1}$$

式中，P 为流域降水量（mm）；E 为蒸发量（mm）；R 为径流量（mm）；ΔW 为流域贮水量的变化（mm）。

2.1.2 城市水循环

城市社会与经济活动显著影响着自然水循环，使原来的水系统更加复杂。城市水循环就是水在城市取、用、排三个环节及其相关水体之间相互转化的过程（图 2-2）。城市水循环受到自然水循环的制约，但又具有自身的特点。与自然水循环相比，城市水循环增加了以下环节以满足城市社会与经济活动的需要。

1）取水：人类通过引水、提水等工程从河流、湖泊、地下含水层等水体中取水。

2）供水：取水之后，通过管渠将水输送到水厂进行水质处理。地下水的水质通常比较好，经过消毒，即可达到生活饮用水的卫生标准。地表水作生活用水时，一般经过混凝、沉淀、过滤和消毒等净化处理，使水质符合卫生标准。处理过的水加压后通过配水管网送至用户。

3）用水：城市用水包括城市居民生活用水、公共服务用水（如餐饮业用水、公共设施服务用水、卫生事业用水、文娱事业用水等）、生产运营用水（如食品加工等加工业用水、制造业用水、建筑业用水等）、消防等其他特殊用水等。

4）排水：污水如果不合理排放，就会对水体造成污染。污水由排水管道收集，送至污水处理厂处理后，排入水体或回收利用。

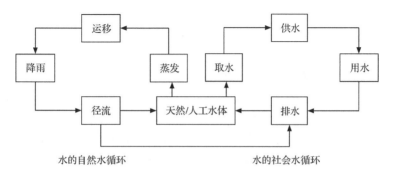

图 2-2 城市水循环

Figure 2-2 Water cycle in urban areas

城市化改变了自然环境的组成、结构和功能，改变了天然状态下降水、蒸发、产流、汇流、入渗、排泄等水循环特性，产生了一系列水文效应。

（1）对水体水量的影响

由于生活、生产的需要，人类加大从地表和地下的取水量。引水工程的兴建，大量地表水被开采，导致河流和湖泊的水量减小；为满足城市、工业、开矿和其他需求所导致的地下水过度开采以及由于城市化所导致的地下水补给减少，使地下水水位降低。

（2）对水体水质的影响

随着城市人口增加和经济发展，生活污水、工业废水的排放量也随之增加，天然水体受到污染。此外，城市建成区是人类活动的主要区域，地表一般累积有大量氮磷营养物、微生物、重金属和有机物质。暴雨期间这些物质被径流冲刷出来，进入受纳水体，形成面源污染。

(3) 对产流的影响

随着城市化的发展，林地、草地等透水地面逐步减小，而工业区、商业区和居民区等不透水地面不断增大，造成汇水区的径流系数增大，汇流时间缩短、峰值流量增加，城市低洼地区内涝和下游洪水风险加剧。此外，降雨期间径流被快速排泄，城市地区入渗量减小，地下水补给量相应减小，干旱期河流基流也相应减小。

(4) 对蒸发/降雨的影响

城市化使地面不透水面积增大，植被减少，蒸发减少，加剧城市热岛效应的形成，并对降雨的形成造成影响。

2.2 明渠和管道流动

2.2.1 基本概念

(1) 流量的连续性

流体是由大量分子组成，分子间具有一定空隙，每个分子都在做永不停息的无规则运动。因此，流体的微观结构和运动在空间和时间上都是不连续的。在研究流体的宏观结构时，一般假设流体是连续介质，即质点间没有空隙，连续的充满流体所占有的空间。将流体的运动看作是由无数个流体分子所组成的连续介质的运动，它们的物理量在空间和时间上都是连续的。因为流体被视为连续介质，所以质量守恒定律应用于流体运动，在工程流体力学中就称为连续性原理。

(2) 有压流和无压流

按照限制流体运动的边界情况，可将流体运动分为有压流和无压流。边界全部为固体（若为液体，运动则没有自由表面）的流体运动称为有压流。有压流中流体充满整个横断面。不全为固定边界、具有自由表面的液体运动称为无压流或明渠流。

(3) 恒定流和非恒定流

按各点的运动要素（速度、压强等）是否随时间变化，可将流体运动分为恒定流和非恒定流。各点运动要素均不随时间变化的流体运动称为恒定流。空间各点只要有一个运动要素随时间变化的流体运动称为非恒定流。恒定流中不包括时间变量，流体运动的分析计算较非恒定流简单。

实际上，排水管道中的水流大多为非恒定流。但是为了解决实际工程问题，在满足一定要求的前提下，有时将非恒定流作为恒定流来处理。例如，目前在排水管道的水力计算中就假定水流为恒定流。只有在非恒定流的影响很大时，如存储效应、水泵系统的突变以及排水管道的暴雨波等，才考虑非恒定流。

（4）均匀流和非均匀流

按各点运动要素（主要是速度）是否随位置变化，可将流体运动分为均匀流和非均匀流。在给定某一时刻，各点速度都不随位置变化的流体运动称为均匀流。均匀流各点都没有迁移加速度，表现为平行流动，流体做匀速直线运动。反之，则为非均匀流。

实测结果表明，排水管道内的水流速度是有变化的，不是均匀流。这主要是因为管道中水流流经转弯、交叉、变径、跌水等地点时水流状态发生改变。但在直线管道上，当流量无较大变化且无沉积物时，管道内水流运动状态接近为均匀流。

（5）渐变流和急变流

根据流速沿程变化的缓急程度又分为渐变流和急变流。流速（包括方向和大小）沿程变化缓慢的为渐变流，其流线特征是近乎平行直线；流速沿程变化急剧的为急变流，其流线曲率或流线间夹角较大。

（6）层流和紊流

流体在运动时，具有抵抗剪切变形能力的性质，称作黏性，表现为相邻流层间发生相对位移而引起体积变形时，会产生切向力（即内摩擦力）。当流速较低时，流体质点做有条不紊的线状运动，流层间彼此互不混掺的流动称为层流；当流速较高时，流体质点在流动过程中彼此混掺的流动称为紊流。层流和紊流常用雷诺数 Re 来判别。在大多数城市排水工程中，水流流态都为紊流。

2.2.2 伯努利方程

（1）能量和水头

过流断面上各单位重量流体所具有的总机械能等于位能、压能、动能之和。在水力学中，通常用水头来表示各种形式的能量，位置水头为 z，压力水头为 $p/\rho g$，流速水头为 $v^2/2g$，总水头是以上 3 种水头之和（图 2-3）。其中 z 表示过流断面中心到标准面的高度（m），p 为压强（Pa），ρ 为流体密度（kg/m^3），v 为流速（m/s），g 为重力加速度（一般取 9.8m/s^2）。

（2）理想流体的伯努利方程

绝对不可压缩、没有黏滞性的流体被称为理想流体。理想流体没有黏性损失，因而在恒定流动中没有能量损失，过流断面上任意两点的压能、动能与位能之和保持不变，即

$$\frac{p_1}{\rho g} + \frac{v_1^2}{2} + h_1 = \frac{p_2}{\rho g} + \frac{v_2^2}{2} + h_2 \qquad (2\text{-}2)$$

式中，p_1，v_1，h_1 和 p_2，v_2，h_2 分别为断面上点 1 和点 2 处的压强（Pa）、流

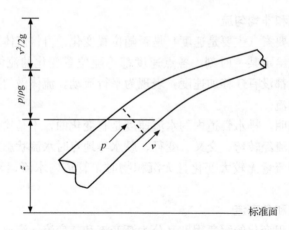

图 2-3　管渠内流体的位置、压力和流速水头

Figure 2-3　Elevation, pressure and velocity heads of fluid inside pipes or channels

速（m/s）和位置水头（m）；g 为重力加速度（m/s²）；ρ 为流体密度（kg/m³）。

式（2-2）也可表示为

$$p + \frac{1}{2}\rho v^2 + \rho g h = C \tag{2-3}$$

式中，C 为恒量。这就是理想流体的伯努利方程。

(3) 沿程损失和局部损失

　　一般将管道内两过流断面间的能量损失分为两类：沿程损失和局部损失。均匀分布在某一流段全部流程上的流动阻力称为沿程阻力，克服沿程阻力而消耗的能量损失称为沿程损失。单位重量流体沿程损失的平均值以 h_f 表示，一般在均匀流、渐变流区域，沿程损失占主要部分。集中分布在某一局部流段，由于边界几何条件的急剧改变而引起对流体运动的阻力称为局部阻力，克服局部阻力而消耗的能量损失称为局部损失。单位重量流体局部损失的平均值以 h_l 表示，一般在急变流区域，局部损失占主要部分。

　　在城市排水计算中，常采用达西公式式（2-4）计算有压管流的沿程损失，它对于层流和紊流都适用。

$$h_f = \lambda \frac{l}{d} \frac{v^2}{2g} \tag{2-4}$$

式中，h_f 为沿程损失（m）；λ 为沿程阻力系数，表征阻力大小的无量纲数；l 为管道长度（m）；d 为管径（m）。

　　局部损失发生在流体干扰点上，实际工程中常遇到的有断面突然扩大或缩小，管渠的弯曲及在内设置障碍（如闸阀等）。流体在边壁突变的地方形成漩涡区，这是造成局部损失的主要原因。一般将局部损失写成与速度水头关系的形式，即

$$h_1 = k_L \frac{v^2}{2g} \qquad (2\text{-}5)$$

式中，h_1 为局部水头损失（m）；k_L 为特定配件局部损失常数。

（4）实际流体的伯努利方程

实际流体考虑黏力，因而在恒定流过程中有能量损失，即有水头损失 h_w（m）；此外以断面平均流速 μ 代替点流速 v，相应地考虑动能修正系数 α。对于实际流体的恒定流，取两渐变流过流断面，流量沿程不变，质量力只有重力，则实际流体的伯努利方程可表示为

$$\frac{p_1}{\rho g} + \frac{\alpha_1 \mu_1^2}{2} + h_1 = \frac{p_2}{\rho g} + \frac{\alpha_2 \mu_2^2}{2} + h_2 + h_w \qquad (2\text{-}6)$$

式中，p_1、p_2、h_1、h_2、ρ、g 的含义同式（2-2）。伯努利方程在工程中应用极广，很典型的如文丘里管、毕托管、孔板流量计等。在城市排水管中，可以利用伯努利方程确定水泵的扬程，具体实例可参考相关专业书。

2.2.3 明渠均匀流基本方程

（1）明渠的几何特性

明渠是具有自由表面液体的渠道。影响明渠水流运动的因素主要有横断面、过水断面和底坡等。

渠道的常见断面类型有规则几何图形（矩形、梯形、圆形、半圆形），此外还有组合型、三角型（复式）、抛物线型、卵型等。

水面线与固体边界线包围的面积 A 称为过水断面。过水断面上水体与固体壁面接触的周界线，称为湿周，常用 χ 表示，湿周是过水断面的重要水力要素之一，湿周越大水流阻力及水头损失也越大。过水断面面积与湿周之比为水力半径，即 $R = A/\chi$。水力半径是一个很重要的概念，常用于计算渠道隧道的输水能力，其值与断面形状有关。

底坡 i 即渠道底面的坡度，通常是指单位渠长 l 上的渠道高差 Δz，即 $i = \Delta z / l$，

（2）明渠均匀流特征

明渠均匀流是水深、断面平均流速、断面流速分布等均沿程不变的流动。非满管流也是一种特殊的明渠均匀流。

明渠均匀流的形成条件有以下四点。

1）渠底必须沿程降低，即底坡 $i > 0$ 并且要在较长一段距离内保持不变。明渠流依靠重力分力驱使水流运动，要保证流动流向沿程不变必须有恒定不变的作用力。平坡、逆坡中不可能产生均匀流。

2）必须是长而直的棱柱形渠道。弯管、阀门、滚水坝、桥孔等局部阻力会对水流产生影响，导致非均匀流。

3）渠道表面的粗糙系数应沿程不变。这是因为粗糙系数 n 决定了阻力的大小，n 变化，阻力变化，有可能成为非均匀流。

4）渠道中水流应是恒定流。

实际上，明渠均匀流是重力和阻力达到平衡的一种流动。

(3) 谢才公式/曼宁公式

前人在大量实测资料的基础上，总结了很多计算明渠均匀流的经验公式，其中目前被国内外工程广泛采用的是谢才公式：

$$v = C\sqrt{RJ} \tag{2-7}$$

式中，v 为平均流速（m/s）；R 为水力半径（m）；J 为水力坡度（无量纲数）；C 为谢才系数。谢才系数 C 常用曼宁公式计算：

$$C = \frac{1}{n}R^{\frac{1}{6}} \tag{2-8}$$

式中，n 为糙率（$m^{-1/3}s$），它综合反映了明渠边壁状况对水流阻力的主要影响，可根据壁面或河渠表面性质及情况查表确定。对于明渠均匀流中 $J = i$（渠底坡度），推导出流速公式为

$$v = \frac{1}{n}R^{\frac{2}{3}}i^{\frac{1}{2}} \tag{2-9}$$

由于变速流公式的复杂性和水流运动的变化不定，即使采用变速流公式也很难精确。因此，为了简化计算工作，在排水管道水力计算中大多采用均匀流公式，一般采用谢才公式。

2.2.4 明渠非恒定流基本方程

排水管道中的流量通常时刻都在变化，尤其是暴雨阶段，流量变化更加剧烈。这种非恒定流的表示方式将是排水管道水力计算必须要考虑的问题。与恒定流相比，非满管状态的非恒定流中水深与流量的关系十分复杂。

常用圣维南（Saint-Venant）方程组来描述具有自由表面的水体的渐变非恒定流动。建立圣维南方程组的基本假定如下。

1）流速沿整个过水断面（一维情形）或垂线（二维情形）均匀分布，可用其平均值代替。不考虑水流垂直方向的交换和垂直加速度，从而可假设水压力呈静水压力分布，即与水深成正比；

2）河床比降小；

3）水流为渐变流，水面曲线近似水平；

4）在计算不恒定的摩阻损失时，假设可近似采用恒定流的有关公式，如曼宁公式。

圣维南方程有很多形式，渠道中常用的形式为

$$\frac{\partial A}{\partial t} + \frac{\partial Q}{\partial x} = 0 \tag{2-10}$$

$$\frac{\partial Q}{\partial t} + \frac{\partial (uQ)}{\partial x} = -gA\frac{\partial z}{\partial x} - \frac{gn^2 Q\,|\,Q\,|}{AR^{4/3}} \tag{2-11}$$

式中，A 为断面面积（m^2）；u 为断面平均流速（m/s）；Q 为断面流量（m^3/s）；R 为水力半径（m）；n 为糙率（$m^{-1/3}s$）；t 为时间（s）；g 为重力加速度（m/s^2）；x 为距离（m）。式（2-11）中，等号左边第一项和第二项合称为惯性项。等号右边第一项反映由于底坡引起的重力作用和水深压力的影响；第二项为水流内部及边界摩阻力的影响。

圣维南方程组可以描述管渠的调蓄、汇水、入流，可以描述出流损失和逆流，可以模拟多支下游出水管和环状管网，还可以模拟受管道下游的出水堰或出水孔调控而导致水流受限的回水情况。

2.3　地表径流过程

2.3.1　雨量分析

（1）降雨特征描述

降雨特征可以用降雨量、降雨历时和暴雨强度等指标来描述。

1）降雨量是指在一定时间段内降落在某一面积上的总降雨量，指降雨的绝对量，通常以深度 H 表示，单位为 mm。常用的有次降雨量、日降雨量、月平均降雨量和年平均降雨量等。

2）降雨历时是指降雨过程中的任意连续时段。

3）暴雨强度是指某一时段 t 内的平均降雨量，用 I（mm/h 或 mm/min）表示。

4）暴雨强度的频率。某一暴雨强度出现的可能性和水文现象中的其他特征值一样，一般是不可预知的，需要通过对以往大量观测资料的统计分析，计算其发生的频率去推论今后发生的可能性。某特定暴雨强度值的频率是指等于或大于该暴雨强度值出现的次数与观测资料总项数之比。

该定义的基础是假定降雨观测资料年限非常长，可代表降雨的整个历时过程。但实际上只能取得一定年限内有限的暴雨强度值。因此，在水文统计中，计算得到的暴雨强度频率又称作经验频率。一般观测资料的年限越长，则经验频率

出现的误差就越小。

假定等于或大于某指定暴雨强度值的次数为 m，观测资料总项数为 n（为降雨观测资料的年数 N 与每年选入的平均雨样数 M 的乘积）。当每年只选一个雨样（年最大值法选样），则 $n=N$，$P_n=m/(N+1)\times100\%$，称为年频率式。若平均每年选入 M 个雨样数（一年多次法选样），则 $n=NM$，$P_n=m/(NM+1)\times100\%$，称为次频率式。由公式可知，频率小的暴雨强度出现的可能性小，反之则大。

5）重现期。重现期是指等于或超过某特定暴雨强度值的暴雨事件出现一次的平均间隔时间，单位为年，以 a 表示。重现期与频率 P_n 互为倒数，即 $P=1/P_n$。若按年最大值法选样式时，第 m 项暴雨强度组的重现期为其经验频率的倒数，即重现期 $P=1/P_n=(N+1)/m$。若按一年多次法选择时，第 m 项暴雨强度组的重现期 $P=(NM+1)/mM$。

（2）暴雨强度公式

在实际应用中，常根据暴雨强度 I、降雨历时 t 和重现期 P 之间的关系式和关系图，推导出三者之间关系的数学表达式——暴雨强度公式。其中选用暴雨强度公式的数学形式是一个比较关键的问题。不同地区，降雨分布规律差异很大，降雨强度公式的形式很多，我国一般采用 Horner 暴雨强度公式：

$$I = \frac{A_1(1+c\lg P)}{(t+b)^n} \tag{2-12}$$

式中，A_1、c、b 和 n 为参数；I 为降雨强度（mm/min）；t 为降雨历时（min）；P 为降雨重现期。可令式（2-12）中的 $A_1(1+c\lg P)$ 为 a，则

$$I = \frac{a}{(t+b)^n} \tag{2-13}$$

（3）面降雨强度的修正

在实际工作中，降雨是在点上观测的。点降雨资料可形成面平均降雨估算，但在应用这些降雨资料时要慎重。一般情况下平均降雨强度随降水区域面积的增大而减小，因此点降雨数据并不能代表较大区域的降雨。常见的面降雨强度的修正方法有算术平均法、泰森多边形法、等雨量线法和地区衰减因子法等。

（4）合成事件降雨

设计典型暴雨过程是排水系统水文和水质分析不可或缺的基本步骤。目前，国内外普遍采用的暴雨设计方法包括芝加哥暴雨过程线法、Huff 法、三角形法和矩形法等，下面重点介绍芝加哥暴雨过程线法。

芝加哥暴雨过程线法是以暴雨强度公式为基础设计的典型降雨过程。根据降雨强度随时间变化的曲线 $q(t)$，平均降雨强度 I 又可用下式表示：

$$I = \frac{1}{t}\int_0^t q(t)\mathrm{d}t \tag{2-14}$$

将式（2-13）和式（2-14）联立并微分，可得

$$q(t) = \frac{\mathrm{d}(I \cdot t)}{\mathrm{d}t} = \frac{\mathrm{d}[at(t+b)^{-n}]}{\mathrm{d}t} = \frac{a[(1-n)t+b]}{(t+b)^{1+n}} \qquad (2\text{-}15)$$

由于在一场降雨事件中，峰值发生的时间对管网的运行状态有重要影响。引入雨峰系数 $r(0<r<1)$ 来描述降雨峰值发生的时间，降雨时间序列可分为峰后时间序列 t_a 和峰前时间序列 t_b，且有 $t_a = (1-r)t$，$t_b = rt$。则根据式（2-15），有

$$q(t_b) = \frac{a\left[\dfrac{(1-n)t_b}{r}+b\right]}{\left(\dfrac{t_b}{r}+b\right)^{1+n}} \qquad (2\text{-}16)$$

$$q(t_a) = \frac{a\left[\dfrac{(1-n)t_a}{1-r}+b\right]}{\left(\dfrac{t_a}{1-r}+b\right)^{1+n}} \qquad (2\text{-}17)$$

通过式（2-16）和式（2-17）可以求得设计暴雨的时程分配。由于暴雨强度公式的多样性，对于不同的暴雨强度公式类型需要进行参数转换，转换成标准的 Horner 降雨强度公式时才能进行暴雨的时程分配。

2.3.2 产流分析

(1) 截留和洼蓄量

截留主要指降水的一部分被植物所贮存，它发生在降雨的初期。初期过后的过量降水由树叶、树干流入土壤，截留速率随后很快达到零。截留损失在数量上很小（小于 1mm），通常被忽略或者与洼地蓄水一起考虑，截流量和洼地蓄水之和称为初始损失。

多数天然地表都会截留一部分雨水，截留水量最终被蒸发或渗入地下。影响洼地蓄水的因素有地表特征、地面坡度和降雨重现期等。洼地蓄水量 d(mm) 可表示为

$$d = \frac{k_1}{\sqrt{s}} \qquad (2\text{-}18)$$

式中，k_1 为与地表类型有关的系数（如不渗透表面为 0.07，渗透表面为 0.08，mm）；s 为地面坡度。在不渗透地区典型 d 值为 0.5～2mm，屋顶值为 2.5～7.5mm，花园可高达 10mm。

(2) 蒸散发

水从液态或固态变成气态的过程叫蒸发，植物根系吸收的水分，经由植物的茎叶散逸到大气中的过程称为散发或蒸腾。蒸散发是一种持续、恒定的损失。短历时的降雨中，蒸散发通常在模型中忽略或被认为是一种初始损失；但在长时间

序列降雨的模拟分析中，它是不能被忽略的。

（3）下渗

下渗是指降水通过地表进入土壤孔隙的过程。土壤的下渗能力指水渗入土壤的速率。与下渗量相关的因素有土壤类型、土壤结构和密实度、初始含水量、下垫面类型和地下水位。最初下渗速率很高，当上层土壤饱和时，下渗速率将以指数形式降低到最终的较恒定速率。常用的下渗模型有 Horton 模型、Philip 模型、Green-Ampt 模型和 Richards 方程。其中，Horton 模型是一个经验公式，是水文中最著名的下渗模型，它采用三个系数来描述入渗率随降雨历时的变化，即

$$f_t = f_c + (f_0 - f_c)e^{-kt} \qquad (2\text{-}19)$$

式中，f_t 为 t 时刻的下渗速率（mm/h）；f_c 为稳定下渗率（mm/h）；f_0 为初始渗透率（mm/h）；k 为衰减系数（h^{-1}）。式（2-19）在降雨强度＞f_c 时有效。公式中的参数依赖于土壤/下垫面类型和土壤的初始含水量。f_c、f_0 和 k 的取值范围可查表。

（4）净雨量推求

在降雨量中扣除由于植被截留、蒸散发、洼蓄和下渗而损失的水量，即得净雨量，也就是地表径流量。一般在城市排水工程中，由于降雨和径流损失之间关系复杂，通常对降雨损失进行简单处理，即对降雨损失统一考虑，忽略其中的植物截留、蒸散发、洼蓄和下渗的细节，这种方法称为城市地表径流量综合计算模型。

1）比例损失模型。比例损失模型是在扣除初始损失后，通过采用常比例系数估算有效降雨：

$$q_e = C(P)q_n(t) \qquad (2\text{-}20)$$

式中，q_e 为有效降雨强度（mm/min）；C 为无量纲径流系数；q_n 为略去初始损失的降雨强度（mm/min）；P 为降雨重现期；t 为时间（min）。径流系数 C 主要取决于土地利用情况、土壤和植被类型以及地面坡度。降雨特性（如降雨强度、历时）和前期降雨条件也对径流系数 C 具有一定的影响。其中，流域的前期降雨条件可以设置为一定的概率形式，它在公式中由降雨重现期 P 来体现。根据流域特性选择的 C 值可查表获知。

2）SCS 模型。1972 年，美国水土保护局（SCS）开发了一种称为曲线值的方法，用于较小区域内径流量的计算，一般称这种方法为 SCS 模型。该模型假设：

$$Q = \frac{(P - 0.2S)^2}{P + 0.8S} \qquad (2\text{-}21)$$

$$S = 25.4\left(\frac{100}{\text{CN}} - 10\right) \qquad (2\text{-}22)$$

式中，S 为流域洼地和土壤的最大蓄水容量（mm）；P 为降雨量（mm）；Q 为径流量；CN（curve number）为无次因参数，称曲线值。

CN 值是反映降雨前期流域特征的一个综合参数，与流域前期土壤含水量、植被、土壤类型和土地利用等相关。当已知前期含水量、土壤类型、土地利用条件，可查表确定流域各处的 CN 值，进而计算出降雨产生的径流量。

2.3.3 地表漫流分析

当汇水区域内的径流损失被确定后，有效的降雨量图可以转换为地表径流图——该过程称作地表漫流或地表演算。在这个过程中，径流流经子汇水区域到达排水系统的最近入口。为了确定地表漫流的路线，目前有两种方法：最常用的单位过程线法和更为实际的运动波模型。

（1）单位过程线法

单位过程线法是一种模拟降雨过程转换为地表径流的计算方法。该方法把流域看成一连串调蓄作用相同、彼此串连的水库群，并假定每个水库的蓄泄关系是线性的。这样，净雨在流域上的汇流过程便可模拟为流量自进入最上一个水库后，通过 n 个串连水库直至从最末一个水库流出的一连串调蓄过程，从而导出瞬时单位线的方程为

$$U(0,t) = \frac{1}{k\Gamma(n)}\left(\frac{t}{k}\right)^{n-1}\mathrm{e}^{-\frac{t}{k}} \tag{2-23}$$

式中，n、k 为反映流域调蓄特性的参数，k 为具有时间的单位（s）；$\Gamma(n)$ 为伽玛函数；e 为自然对数的底；t 为时间（s）；$U(0,t)$ 为 t 时刻瞬时单位线的纵坐标。瞬时单位线形状取决于参数 n 和 k。不同流域的 n 和 k 不同，瞬时单位线形状也不同，一旦确定了某流域的 n 和 k，该流域的瞬时单位线也便唯一地确定了。

瞬时单位线的主要优点在于，它不受净雨历时的影响，有一定的数学表达式，便于进行数学处理和区域综合。在实际应用时需首先将瞬时单位线转换为时段单位线。

（2）运动波模型

可以采用圣维南方程组来描述坡面的漫流过程。在许多情况下，地表漫流运动方程中的惯性项和压力项可以忽略，只考虑摩擦阻力和底坡的影响，圣维南方程简化为运动波模型。

运动波可模拟管道内的水流和面积随时间和空间变化的过程，能够反映管道对传输水流流量过程线峰值的削弱和延迟作用。虽然该方法不能计算回水、逆流和有压流，并且仅限于树状管网的分析计算，但由于它即使采用较大的时间步长也可以保证数值计算的稳定性，因此通常被用于对排水管网进行长期的模拟

分析。

2.4 水污染物的迁移转化

2.4.1 城市水体中的主要污染物

(1) 城市供水

城市供水的污染物主要有微生物（如大肠菌群等）和化学物质（如氯化物、铜、铁、锰、镉等）。2005 年国家制定了《城市供水水质标准（CJ/T206—2005)》，提出了城市供水的水质要求、水质检验项目及其限制（表 2-1）。

表 2-1　城市供水水质标准（部分指标）

Table 2-1　Water quality standards for urban water supply（part of indices）

项目		限值
微生物学指标	细菌总数	≤80CFU/mL（菌落总数）
	总大肠菌群	每 100mL 水样中不得检出
化学性指标	耗氧量（COD_{Mn}，以 O_2 计）	3mg/L（特殊情况≤5mg/L）
	溶解性总固体	1000mg/L
	铁	0.3mg/L
	铜	1mg/L
毒理学指标	砷	0.01mg/L
	镉	0.003mg/L
	氟化物	1.0mg/L
	铅	0.01mg/L

(2) 城市污水

城市污水是指城镇居民生活污水，机关、学校、医院、商业服务机构及各种公共设施排水，以及允许排入城镇污水收集系统的工业废水和初期雨水等。城市污水的水质变化幅度很大，以深圳市主要污水处理厂进水水质为例，化学需氧量（COD)、生化需氧量（BOD）和总氮平均浓度为 227mg/L、128mg/L 和 26mg/L。

2002 年，我国发布了《城镇污水处理厂污染物排放标准（GB18918—2002)》，规定了城镇污水处理厂出水中污染物的控制项目和标准值。根据污染物的来源及性质，将污染物控制项目分为基本控制项目和选择控制项目两类。基本控制项目主要包括影响水环境且城镇污水处理厂一般处理工艺可以去除的常规污染物，以及部分危害严重的污染物，共 19 项。选择控制项目包括对环境有较长期影响或毒性较大的污染物，共计43项。具体各项指标可参照 GB18918—2002。基本控制项目必须执行，选择控制项目，由地方环境保护行政主管部门根据污水处理厂接纳的工业污染物的类别和水环境质量要求选择控制。根据城镇污水处理厂的保护目标和其排入地表水域出水的环境功能，以及污水处理厂的处理工艺，将基本控制项目的常规污染物标准值分为一级标准、二级标准、三级标准。一级标准分为 A 标准和 B 标准。部分污染物浓度水平见表2-2。

表 2-2　城镇污水处理厂污染物排放标准（部分指标）（单位：mg/L）

Table 2-2　Discharge standards of pollutants for municipal wastewater treatment plant（part of indices）　　　　（unit：mg/L）

基本控制项目		一级标准		二级标准
		A 标准	B 标准	
化学需氧量		50	60	100
生化需氧量		10	20	30
总氮（以氮记）		15	20	—
总磷（以磷记）	2005 年 12 月 31 日前建设的	1	1.5	3
	2006 年 1 月 1 日起建设的	0.5	1	3

（3）自然水体

自然水体中的污染物主要包括物理性污染物（悬浮固体、溶解性固体等）、无机污染物（氮、磷、重金属等）、有机污染物（油脂类、酚污染、表面活性剂污染等），以及病原微生物（病原菌、寄生虫和病毒等）。

2002 年我国发布了《地表水环境质量标准（GB3838—2002）》，按照地表水环境功能分类和保护目标，规定了水环境质量应控制的项目及限值（表2-3）。

表 2-3　地表水环境质量标准（部分指标）　　　　（单位：mg/L）

Table 2-3　Environmental quality standards for surface water（part of indices）

（unit：mg/L）

项目	Ⅰ类	Ⅱ类	Ⅲ类	Ⅳ类	Ⅴ类
化学需氧量	15	15	20	30	40
生化需氧量	3	3	4	6	10
氨氮	0.015	0.5	1.0	1.5	2.0
总磷（以磷计）	0.02（湖、库0.01）	0.1（湖、库0.025）	0.2（湖、库0.05）	0.3（湖、库0.1）	0.4（湖、库0.2）
总氮（湖、库以氮计）	0.2	0.5	1.0	1.5	2.0

污染物进入水体后，通过一系列物理、化学和生物因素的共同作用，发生迁移转化，使排入水体的污染物质浓度和危害性在流动过程中自然降低。

2.4.2　对流与扩散

以时均流速为代表的水体质点的迁移运动叫作对流运动。对于某点可以用式（2-24）来表示沿流向 x 的输移通量。

$$F_x = uC \tag{2-24}$$

式中，F_x 为过水断面上某点沿 x 方向污染物输移通量 $[g/(m^2 \cdot s)]$；u 为某点沿 x 方向的时均流速（m/s）；C 为某点污染物的时均浓度（g/m^3）。对流运动的特点是只改变污染物的位置，而不降低其浓度。

扩散作用是指介质中某种组分在一个单位浓度梯度下，在单位时间内按一定方向通过单位介质面积的组分的通量，它表征了组分从高浓度点向低浓度点迁移的能力。水体污染物的扩散过程分为分子扩散过程、湍流扩散过程和弥散过程。

1）分子扩散是分子随机热运动引起的质点分散运动。分子扩散过程可用Fick 第一定律描述：

$$I_x^1 = -E_m \frac{\partial C}{\partial x}$$

$$I_y^1 = -E_m \frac{\partial C}{\partial y}$$

$$I_z^1 = -E_m \frac{\partial C}{\partial z} \tag{2-25}$$

式中，I_x^1、I_y^1、I_z^1 分别为污染物沿 x、y、z 三个方向的分散迁移通量 $[g/(m^2 \cdot s)]$；E_m 为分子扩散系数（m^2/s）。

分子扩散是各向同性的，式（2-25）中的负号表示质点的迁移指向负梯度方向。分子扩散作用与水体的温度、溶质以及压力有关。

2）湍流扩散是指用时间平均浓度描述物质迁移时，湍流/紊流流场中物质质点由于湍流/紊流脉动而导致的由浓度高处向浓度低处的分散现象。湍流扩散作用可用 Fick 第一定律描述：

$$I_x^2 = -E_m \frac{\partial \overline{C}}{\partial x}$$

$$I_y^2 = -E_m \frac{\partial \overline{C}}{\partial y}$$

$$I_z^2 = -E_m \frac{\partial \overline{C}}{\partial z} \tag{2-26}$$

式中，I_x^2、I_y^2、I_z^2 分别为 x、y、z 方向上由湍流扩散所导致的污染物质量通量

$[g/(m^2 \cdot s)]$；E_x、E_y、E_z 分别为 x、y、z 方向的湍流扩散系数（m^2/s）；$\overline{C}$ 为时间平均浓度（g/m^3）。

由于湍流的特点，湍流扩散系数是各向异性的。湍流扩散与水流的流场有很大的关系，在河流中横向、纵向和垂向的紊动扩散系数不同。

3）弥散作用也叫离散作用，当用断面平均浓度描述物质迁移时，需增加考虑弥散或离散作用，即由于断面内流速的不均匀造成污染物在输移过程中向上下游分散的现象。弥散作用可用 Fick 第一定律描述：

$$I_x^3 = -D_x \frac{\partial \overline{\overline{C}}}{\partial x} \qquad (2-27)$$

式中，I_x^3 为 x 方向上由弥散所导致的污染物质量通量 $[g/(m^2 \cdot s)]$；D_x 为 x 方向的弥散系数（m^2/s）；$\overline{\overline{C}}$ 为断面平均浓度（g/m^3）。

分子扩散系数由污染物的物理性质决定，其取值一般要由实验测定。同一物质的分子扩散系数随介质接收种类、温度、压强及浓度的不同而变化。对于气体中的扩散，浓度的影响可以忽略；对于液体中的扩散，浓度的影响不可忽略，而压强的影响不显著。紊动扩散系数与液体的物理性质、污染物质的物理性质和流场的紊动结构有关。

各种扩散系数的量级见表 2-4。

表 2-4　水体中扩散系数取值范围　　　　（单位：m^2/s）

Table 2-4　Value ranges of diffusion coefficients in surface water

（unit：m^2/s）

扩散作用	河流中	海洋中
分子扩散	$10^{-5} \sim 10^{-4}$	—
湍流扩散	$10^{-2} \sim 10^0$	垂向：$2 \times 10^{-5} \sim 10^{-2}$ 水平向：$10^2 \sim 10^4$
弥散	$10^1 \sim 10^4$	

2.4.3　吸附与解吸附

吸附是指污染物与水中的泥沙等固相物质接触时，将被吸附在泥沙表面，在适宜条件下会随泥沙沉积到水底，使水体得以净化；相反，被吸附的污染物，当水体条件改变后，也能溶于水中，使污染浓度增加，这一过程叫作解吸附。吸附—解吸附平衡关系的方程有以下几种表示方式。

1）亨利（Henery）吸附等温式，可表示为

$$S_e = kC_e \qquad (2-28)$$

2）弗兰德里西（Freundlich）吸附等温式，可表示为

$$S_e = kC_e^{1/n} \tag{2-29}$$

3）兰格缪尔（Langmuir）吸附等温式，可表示为

$$S_e = \frac{S_m C_e}{(A + C_e)} \tag{2-30}$$

式中，S_e 为吸附达到平衡时水中泥沙的吸附浓度，即泥沙吸附的污染物总量除以泥沙总质量（μg/g）；C_e 为吸附平衡时水体的污染浓度（μg/L）；k，n 为经验常数，与水温、污染物性质和浓度有关；S_m 为泥沙的最大吸附浓度（μg/g）；A 为常数。吸附等温式只能反映平衡时的情况，不能反映非平衡时的动力学情况。

吸附动力学方程有以下几种表示方式。

1）根据亨利吸附等温式，吸附动力学方程可表示为

$$\frac{dS}{dt} = k_1(S_m - S) - k_2 S \tag{2-31}$$

式中，S 为 t 时刻的泥沙吸附浓度（μg/g）；k_1、k_2 分别为吸附速率系数和解吸速率系数（d^{-1}）。

2）针对 Freundlich 吸附等温式的吸附速率方程表示为

$$\frac{dS}{dt} = k_1 \delta^{-b} \frac{C}{W} - k_2 \delta^b S \tag{2-32}$$

式中，δ 为无量纲的 S；C 为 t 时刻的水体污染浓度（μg/L）；W 为水体的含沙量（g/L）；b 为与污染物活化能有关的指数。通过对污水水样不同时间的 S、C、W 的试验测定，可以求得 k_1、k_2 和 b。

污染物的沉淀与再悬浮作用与吸附-解吸附作用相似，它是根据河流动力学原理，先计算河段含沙量变化过程和冲淤过程，再根据泥沙对污染物的吸附-解吸附作用计算出污染物的沉淀与再悬浮。

污染物的沉淀再悬浮作用可用一个系数来反映，一般是采取一级动力学的假设，增加一个沉淀再悬浮系数。

$$\frac{dC}{dt} = -K_c C \tag{2-33}$$

式中，K_c 为沉淀再悬浮系数（d^{-1}）。

2.4.4 降解与转化

降解反应可分为好氧降解反应和厌氧降解反应。

好氧降解是指在有氧条件下，好氧细菌对有机物进行降解的过程。好氧降解的发生条件是水中有游离氧和好氧细菌。好氧降解分为碳化阶段反应和硝化阶段反应。碳化阶段的反应可概括为

$$C_xH_yO_z + \left(x + \frac{y}{4} - \frac{z}{2}\right)O_2 \xrightarrow{\text{酶}} xCO_2 + \frac{y}{2}H_2O + \text{能量} \qquad (2\text{-}34)$$

硝化阶段可以分为两步连贯反应

$$NH_3 + \frac{3}{2}O_2 \xrightarrow{\text{亚硝化细菌}} NO_2^- + H^+ + \text{能量}$$

$$NO_2^- + \frac{1}{2}O_2 \xrightarrow{\text{硝化细菌}} NO_3^- + \text{能量}$$

总的反应式为

$$NH_3 + O_2 \xrightarrow{\text{酶}} NO_3^- + H^+ + H_2O + \text{能量} \qquad (2\text{-}35)$$

厌氧降解是指在缺氧条件下，厌氧微生物对有机物进行降解的过程，厌氧降解依靠兼性厌氧微生物和专性厌氧微生物，所消耗的氧来自有机物分子中的结合氧。厌氧降解可简化为两个阶段。

1) 产酸阶段，兼性厌氧菌将大分子有机物（如糖、淀粉、木质素、脂肪和蛋白质等）分解为较小的有机物，如有机酸、醇类等；

2) 产气阶段，专性厌氧菌（甲烷菌），将第一阶段产物转化为 CH_4、CO_2、NH_3 等。

完全混合一阶衰减模型用于模拟单一污染物的变化，其表达式为

$$\frac{dC}{dt} = -K_d C \qquad (2\text{-}36)$$

式中，K_d 为降解系数（d^{-1}）。

2.4.5 水质模型

水质模型是定量描述污染物在水体中迁移、转化和归宿规律的数学方程。水质模型可用于分析水体自净能力、预测水体水质变化，是进行水质规划、水污染控制和水环境管理的有效工具。

水质模型主要以物质守恒原理为基础，模拟污染物在水体中因物理、化学、生物等作用而发生的迁移转化过程。这些过程包括污染物随水流的对流运动，使污染物逐渐趋向于均匀混合的扩散运动，还包括在不同的环境条件下（好氧、缺氧、厌氧等）所发生的有机物降解、氮化物的硝化和反硝化反应、底泥冲刷沉降、大气复氧、底泥耗氧、藻类光合作用等多种复杂的迁移转化过程。这些过程除受环境条件影响外，还与污染物的类型和性质有关。

水质模型按照水质组分的空间分布特性，可分为零维、一维、二维、三维水质模型。零维水质模型又称均匀混合水质模型，它将整个计算单元看作是一个反应容器，处于完全均匀的混合状态，此类模型主要用于对湖泊、水库等水体的水质模拟计算；一维水质模型通常用来描述水质沿纵向（如河长方向）的变化情

况，主要适用于中小河流的水质模拟计算；二维水质模型考虑纵向和横向的变化，主要应用于宽浅河流、河口、海湾的水质模拟计算；三维水质模型则考虑了横向、纵向、垂向三维空间的变化，主要应用于深水河口、海湾及排污口附近的水质模拟计算。

按照水质组分的时间变化特性，可分为稳态水质模型和动态水质模型。水质组分不随时间变化的是稳态水质模型，反之则是动态水质模型。在实际应用中，稳态水质模型常应用于水污染控制规划，而动态水质模型则常应用于分析污染事故、预测水质变化等。

下面主要介绍在河流和管网中经常应用的零维模型和一维模型。

(1) 零维模型

对于水面水深均不大的水库、湖泊或一个流速较小河段通常可看成完全混合的、水质浓度一致的反应单元，并采用零维模型描述水体整体的水质变化。模型的基本形式为

$$\frac{\mathrm{d}C}{\mathrm{d}t} = \frac{Q_{\mathrm{I}}}{V}C_{\mathrm{I}} - \frac{Q}{V}C - K_1 C \tag{2-37}$$

式中，C 为反应单元内 t 时刻的污染物浓度（mg/L）；C_{I} 为流入反应单元的水流污染物浓度（mg/L）；Q_{I}、Q 为分别为 t 时刻流入、流出反应单元的流量（m³/s）；V 为反应单元内水的体积（L）；K_1 为污染物的降解系数（s⁻¹）。

(2) 一维模型

对于深度和宽度远小于纵向长度的河流，可假设排入河流的污水，在很短的距离内便可在断面上混合均匀，这时可以采用一维模型描述水体纵向的水质变化。模型的基本形式为

$$\frac{\partial C}{\partial t} + u \frac{\partial C}{\partial x} = E \frac{\partial^2 C}{\partial x^2} + \sum S_i \tag{2-38}$$

式中，u 为纵向流速（m/s）；E 为纵向扩散系数（m²/s）；S_i 为污染源。

2.5 地表污染物的累积与冲刷

2.5.1 城市面源污染

按污染物进入水体的途径不同，污染源可分为点源、面源和内源。点污染源一般指工矿企业排放废水、城镇排放生活污水，有或明或暗的排污口，有明显的责任人。城市面污染源指降雨过程中，城市地表累积的污染物被径流冲刷排入水体形成的污染。这种污染因为没有明显的排污口和责任人，又被称为非点源污染。内污染源指已经进入水体、平时累积在底泥或其他地域的污染物，在一定条

件下又被重新释放出来。

城市地表污染物有物理性、化学性和生物性三种类型。

物理性污染物主要指悬浮物。城市径流中夹带有大量的悬浮物，它主要来自交通工具锈蚀产生的碎屑物质、机动车产生的废气、大气干湿沉降物、轮胎和刹车摩擦产生的物质以及居民烟囱释放出的烟尘等。

化学性污染物包括重金属、有机物和营养物质等。重金属是城市面源污染中一种最典型的污染物，主要来源于机动车。由于生活垃圾、树叶、草以及杂乱废弃物的堆放，城市径流中携带有大量的耗氧有机物。有机有毒污染物包括杀虫剂、多氯联苯（PCBs）和多环芳烃（PAHs），主要来源于园林绿地、菜地等施用农药、机动车辆排放的废气以及大气的干湿沉降物等。

生物性污染物主要指病原性微生物。一般地，城市径流中细菌的含量超过公众对水要求的健康标准。径流中粪便大肠杆菌的数量要比游泳池的健康标准高出 20～40 倍。细菌的来源主要是下水道溢流、宠物以及城市中的野生生物等。

地表径流水质在不同地点、不同场次降雨，降雨过程中都有很大不同。根据对北京、武汉路面雨水径流的研究表明，城区雨水径流污染严重，主要为有机物污染和悬浮固体污染，降雨初期路面径流化学需氧量浓度为 140～800mg/L，悬浮物（SS）浓度为 240～1300mg/L，均超过城市污水的平均值。

2.5.2 地面污染累积

累积过程是指晴天时污染物在汇水区地表的积累变化状况，对累积过程的模拟主要有以下三种方法。

（1）幂函数累积公式

污染物的累积与时间成一定的幂函数关系，累积至最大极限时即停止，即

$$B = \text{Min}(C_1, C_2 t^{C_3}) \tag{2-39}$$

式中，B 为单位面积上累积污染物的质量（g/m^2）；C_1 为最大累积量（g/m^2），C_2 为累积率常数；C_3 为时间指数，线性累积公式是幂函数累积公式的特殊情况，即 $C_3 = 1$。

（2）指数函数累积公式

污染物的累积与时间呈一定的指数函数关系，累积至最大极限时即停止，即

$$B = C_1(1 - e^{-C_2 t}) \tag{2-40}$$

（3）饱和函数累积公式

污染物的累积与时间呈饱和函数关系，同样，累积过程至累积最大极限时即停止，即

$$B = \frac{C_1 t}{C_K + t} \tag{2-41}$$

式中，C_K 为半饱和常数（d），达到最大累积量一半时的天数。

在上述三种模式中，指数函数累积公式由于使用简单而得到了广泛的应用。

2.5.3 污染物冲刷

冲刷过程是指径流期地表被侵蚀和污染物质溶解的过程。目前，主要有两种方式描述冲刷过程。

（1）指数冲刷曲线

在这一方法中，被冲刷的污染物量假设与残留在地表的污染物量成正比、与径流率成指数关系，即

$$P_{off} = \frac{-dP_p}{dt} = R_c \cdot r^w \cdot P_p \tag{2-42}$$

式中，P_{off} 为冲刷速率（kg/s）；R_c 为冲刷系数；r 为 t 时刻地表的径流率（mm/h）；w 为冲刷指数；P_P 为 t 时刻地表剩余污染物量（kg/m²）。

式（2-42）表明，冲刷负荷随径流率的增加而增加。因此，被冲刷的地表径流污染物浓度可表示为

$$C_t = \frac{P_{off}}{Q_0} = \text{conv} \frac{R_c \cdot r^w P_p}{A_s \cdot r} = \text{conv} \frac{R_c \cdot r^{(w-1)} \cdot P_p}{A_s} \tag{2-43}$$

式中，C_t 为 t 时刻地表径流中的污染物浓度（mg/L）；Q_0 为径流流量（m³/s）；A_s 为子汇水区面积（m²）；conv 为单位转化系数。

式（2-43）表明，被冲刷的地表径流污染物浓度与残留在地表的污染物质量成正比，但根据冲刷指数的取值不同，其浓度可能随地表径流率的增加而增加，也可能减少。

（2）流量特性冲刷曲线

这一方法假设冲刷量与径流量为简单的函数关系，污染物的冲刷负荷完全独立于污染物的地表累积总量，即

$$P_{off} = R_c \cdot Q_0^w \tag{2-44}$$

在以上两种冲刷模型中，当剩余地表污染物的含量为零时，冲刷过程即停止。

参 考 文 献

陈吉宁，赵冬泉. 2010. 城市排水管网数字化管理理论与应用. 北京：中国建筑工业出版社.
李树平，刘遂庆. 2009. 城市排水管渠系统. 北京：中国建筑工业出版社.

| 第 3 章 |　城市给水系统

Chapter 3　Urban Water Supply System

3.1　给水系统组成与结构

3.1.1　城市给水系统组成与布置

城市给水系统的任务是从水源取水，按用户对水质的要求进行处理，然后将水输送到用水区，并向用户配水，以满足用户对水质、水量、水压的要求。

（1）给水系统组成

城市给水系统主要由水源、输水管渠、水厂和配水管网等几部分组成，其分别对应的工程为取水工程、输水工程、净水工程和配水工程。各组成部分相对应的工程设施主要有取水构筑物、水处理构筑物、输水管渠、配水管网和调节构筑物等。

1）取水构筑物：从特定的水源取水，并送往水厂。

2）水处理构筑物：处理从取水构筑物输送来的水，以满足用户对水质的要求。

3）输水管渠和配水管网：连接取水构筑物、水厂和用户，输送和分配水。

4）调节构筑物：调节供水量与用水量在时间上的分布不均。

图 3-1 为以地面水为水源的城市给水系统。取水构筑物 1 从江河取水，经一级泵站 2 送往水处理构筑物 3，处理后的清水贮存在清水池 4 中。二级泵站 5 从清水池取水，经输水管 6 送往管网 7 供应用户。一般情况下，从取水构筑物到二级泵站都属于自来水厂的范围。有时为了调节水量和管网的水压，可根据需要建造水库、泵站、水塔或高地水池 8（调节构筑物）。图 3-2 为以地下水为水源的城市给水系统组成示意图。

（2）城市给水系统的布置形式

城市给水系统各构筑物的布置受到水源、地形、城市规划、用户组成和分布等条件的影响，布置形式主要有统一给水系统、分质给水系统和分压给水系统三种。全区域采用统一的水质、水压标准，用同一个配水管网向所有用户供水，称为统一给水系统；分质给水系统是将不同水质的水通过不同的管网分配给不同的用户，如直饮水、工业冷却水、消防用水等；分压给水系统采用不同的供水压力

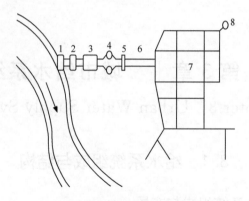

图 3-1　地表水供水系统

Figure 3-1　Surface water supply system

注：1-取水构筑物；2—一级泵站；3-水处理构筑物；4-清水池；5-二级泵站；
6-输水管；7-管网；8-调节构筑物。

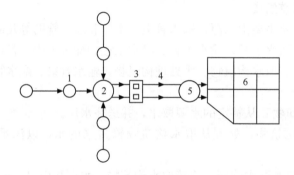

图 3-2　地下水供水系统

Figure 3-2　Groundwater supply system

注：1-管井群；2-集水池；3-二级泵站；4-输水管；5-水塔；6-管网。

及管网向不同的区域供水，减小低压区的供水压力，降低了系统的能量消耗。

3.1.2　水源及取水系统

(1) 给水水源

一般城市的水源分为地表水源和地下水源两大类。地表水源包括江河、湖泊、水库等；地下水源包括潜水、承压水、泉水等。

(2) 取水构筑物

水源类型不同，相应的取水构筑物也不同，主要有地下水取水构筑物和地表水取水构筑物。地下水取水构筑物具体分类情况见表 3-1。

表 3-1 地下水取水构筑物的类型

Table 3-1 Types of groundwater intake structures

分类	尺寸	水文地质条件	出水量
管井	井径常为 150～600mm，井深在 300m 以内	含水层厚度一般在 5m 以上，适于任何砂卵石地层	单井出水量一般为 500～6000m³/d
大口井	井径常为 4～8m，井深常在 6～20m	含水层厚度一般在 5～20m，地下水埋藏较浅，适于任何砂砾地区	单井出水量一般为 500～10 000m³/d
辐射井	同大口井	同大口井	单井出水量一般为 5000～50 000m³/d
渗渠	井径常在 0.6～1.0m，埋深在 10m 以内	含水层厚度较薄，地下水埋深较浅	一般为 15～30m³/(d·m)

地表水取水构筑物的类型很多，主要分为固定式和活动式两类。在固定式取水构筑物中，又有岸边式和河床式取水构筑物。直接从江河岸边取水的构筑物，称为岸边式取水构筑物，由进水间和泵房组成，两者可以合建在一起，设在岸边；也可以进水间设于岸边，泵房则建于岸内地质条件较好的地点。固定式取水构筑物适应于江河岸边较陡，主流近岸，岸边有足够水深，水位变幅不大的情况。当水源水位变幅大，供水要求急和取水量不大时，可考虑采用移动式取水构筑物，主要有浮船式和缆车式两种类型。浮船式投资少、建设快、易于施工、有较大的适应性和灵活性，但操作管理麻烦、运行可靠性较差；缆车式方便、较稳定，但是水下工程量和基建投资较大。

3.1.3 给水管道系统

给水管网是城市给水系统的重要组成部分，担负着向用户输送、分配水的任务，以满足用户对水量、水压的要求。由于给水管网的分布面广、距离长、材质要求高，在给水系统中所占的投资比例高。在输配水过程中需要消耗大量的能量，供水企业的能耗大约有 90% 用于一级、二级泵站的水力提升，同时，配水管网运行状态的好坏直接影响到城市的供水压力和水量。

(1) 输水管渠的布置

在输水过程中基本没有流量分出的管渠称为输水管渠，它主要是指从水源到水厂的浑水输水渠、从水厂到用水区或从用水区到远距离大用户的清水输水管。输水管渠虽然管线单一、构成简单，但输水距离长、管径大，对投资的影响大，对供水安全也有重要的影响。

输水方式有重力输水和压力输水。当水源位置低于给水区，或高于给水区但其间高差不足以提供输水所需的能量时，需采用泵站加压供水，输水距离长时还需在输水途中设置加压泵站；当水源位置高于用水区时，可采用重力自流输水。

（2）配水管网的布置

配水管网分布于整个用水区，其任务是将输水管送来的水分配给用户。

按照在管网中所起的作用不同，可将配水管道分为干管、连接管、分配管、接户管。干管的作用是将水输送到各用水区域，同时也向沿途用户供水。干管对各用水区的用水起着控制作用。连接管用于连接各干管，以均衡各干管的水量和水压。当某一干管发生故障时，用阀门隔离故障点，通过连接管重新分配各干管流量，保证事故点下游的供水。分配管的作用是从干管取水分配到各街坊或某一较小的用水区域以及向消火栓供水。接户管是从分配管或直接从干管、连接管引水到用户去的管线，用户可以是一个企事业单位，也可以是一座独立的建筑。

管网有树状、环状、综合管网三种布置形式。

1）树状管网。树状网管道从供水点向用户呈树枝状延伸，各管道间只有唯一的通道相连，如图3-3所示。树状网供水直接，构造简单，管道总长度短，投资少；但当管线发生故障时，故障点以后的管线均要停水，供水安全性和可靠性差，水在管网中停留时间较长时，容易引起水质恶化。树状网一般适用于小城镇和小型企业。

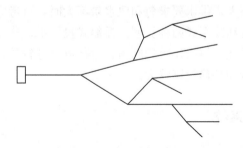

图3-3　树状配水管网

Figure 3-3　Tree-structured water distribution network

2）环状管网。环状网的各干管间设置了连接管，形成了闭合环（图3-4）。管道间的连接有多条通路，某一点的用水可以从多条途径获得，因而供水的安全可靠性高。但管道总长度长，投资大。

3）综合管网。现行城市配水管网往往采用综合管网的布置形式，即在城市的中心区采用环状网，提高供水安全可靠性，而采用树状网向周边卫星城镇供水，节约投资；或采用近期树状网远期环状网的建设形式。

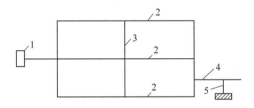

图 3-4　环状配水管网

Figure 3-4　Ring-structured water distribution network

注：1-水厂；2-厂干管；3-管连接管；4-干接分配管；5-配接户管。

3.1.4　城市自来水厂水处理系统

"混凝—沉淀—过滤—消毒"为生活饮用水的常规处理工艺，主要去除水中悬浮物和胶体杂质等。混凝、沉淀和过滤在去除浊度的同时，对色度、细菌和病毒等也有一定的去除作用；再通过向水中投加氯气、漂白粉、二氧化氯等消毒剂，杀灭水中的致病微生物，达到饮用水水质要求。我国以地表水为水源的水厂通常采用该常规处理工艺。

（1）混凝工艺

混凝是净水处理的第一道工序，其好坏直接影响后续的沉淀、过滤效果，直至出厂水水质。混凝过程分为凝聚和絮凝两个阶段。

1）凝聚阶段。在凝聚阶段，投加混凝剂，使之迅速均匀地分散到水中，利用其水解和聚合产物，使水中胶体脱稳并开始聚集，形成微小的絮粒。饮用水处理中常用的混凝剂有铝盐、铁盐及其聚合物，主要性能及适用条件见表 3-2。

表 3-2　常用的混凝剂及其适用条件

Table 3-2　Common coagulants and their application conditions

药剂名称	腐蚀性	适宜的pH	适用条件
硫酸铝	较小	pH＝5.7～7.8（去除水中悬浮物）； pH＝6.4～7.8（浊度高的水）	常规水源水 不宜低温低浊水
三氯化铁	金属、混凝土的腐蚀性较大	pH＝6.0～8.4	高浊水
聚合氯化铝（PAC）	较小	pH＝5.0～9.0	常规水源水低温 低浊水、高浊污染水
硫酸亚铁（绿矾）	较大	pH＝8.5～11.0	碱性、高浊水 色度和含铁量不宜过大

当单独使用混凝剂净水效果达不到要求时，需投加某种辅助药剂以提高混凝效果，这种药剂称为助凝剂，如海藻酸铵、聚丙烯酰胺、骨胶、活化硅酸、石灰等。

凝聚过程要求水力或机械的快速搅拌，使化学反应迅速进行，并使反应产物与胶体颗粒充分接触。混合设备主要有三类：水泵混合、管式混合、机械混合。水泵混合是将混凝剂投加在水泵吸水管或吸水喇叭口处，使混凝剂随水流在叶轮中产生涡流分散，不必另外增加能源，但要求取水泵房靠近絮凝构筑物；管式混合是将药剂直接接入水泵压水管或在管道内增设孔板或文丘里管进行混合，有时混合效果不稳定；机械混合池是在混合池内安装搅拌设备完成水和混凝剂的混合，混合效果好，不易受水量变化的影响。

2）絮凝阶段。絮凝是指微小絮粒在絮凝池中通过进一步的电性中和、吸附架桥、网捕卷扫等作用相互碰撞聚集而逐渐长大成絮凝体的物理过程。

原水与药剂经混合后，通过絮凝池可形成肉眼可见的密实絮凝体，俗称"矾花"。常见的絮凝池有隔板、折板、机械和网格/栅条絮凝池等。隔板絮凝池构造简单，属于水力搅拌型，有往复式和回转式两种，前者局部损失较大；折板絮凝池利用池内水流在折板之间的流动，形成众多的小涡旋，提高了絮凝效果，使能耗和药耗有所降低，也缩短了絮凝时间；机械絮凝池利用电动机驱动搅拌器对水进行搅拌，以增加颗粒碰撞机会，水头损失较小；网格/栅条絮凝池属新型高效池，利用水流通过网格或栅条的相继收缩、扩大，形成微涡旋，造成颗粒碰撞凝聚，水头损失小。

(2) 沉淀与澄清工艺

沉淀是指使原水中的泥沙或絮凝体颗粒，依靠重力作用从水中沉降分离而使浑水变清的过程。澄清是指利用高浓度活性泥渣接触絮凝的原理去除水中胶体物的过程。

在水处理中，根据是否向原水中投加混凝剂，将沉淀分为自然沉淀和絮凝沉淀；根据颗粒沉淀状态，又可将沉淀分为自由沉淀和拥挤沉淀。当水中颗粒浓度较小，沉淀颗粒不受临近颗粒及容器壁影响时，称为自由沉淀，反之则为拥挤沉淀。水处理所有的沉淀过程是在沉淀池中完成的。

目前，水厂常用的沉淀池有平流式和斜板/斜管式沉淀池。平流式沉淀池是长方形钢筋混凝土水池，构造简单，具有稳定的净水效果；斜板/斜管式沉淀池的沉淀区由倾斜放置的间距较小的板状或直径较小的管状结构组件所构成，池体积较小，沉淀效率较高。

澄清池是将混凝和沉淀两个单元过程综合于一个构筑物内，使原水中的脱稳杂质与池中活性泥渣层相互接触碰撞、吸附聚合，并截留在泥渣层中，从而使水获得澄清。澄清池有泥渣悬浮型和泥渣循环型两种池型。

（3）过滤工艺

在常规水处理中，过滤是指用石英砂等粒状滤料层截留水中悬浮杂质，从而使水获得澄清的工艺过程。过滤出水水质基本可以达到生活饮用水卫生水质标准。

滤料截留悬浮物质可通过多种途径。悬浮颗粒在直接截留、布朗运动引起的扩散、颗粒的惯性、重力沉淀和流体效应等作用下，被输送到滤料表面，然后在范德华引力、静电吸力以及某些化学键和化学吸附力作用下，被黏附在滤料表面或原先已吸附的颗粒上。随着输送和附着过程进行到一定时间，滤料被沉淀或吸附的颗粒覆盖，滤料之间的孔隙逐渐减小。当滤层堵塞到一定程度后就需进行冲洗，以恢复滤料的过滤能力。因此，过滤的基本工作过程即为过滤与冲洗的交替进行。

常用的滤池形式有：普通快滤池、双阀滤池、虹吸滤池、无阀滤池、移动冲洗罩滤池和压力滤罐，以及近年来应用较多的 V 型滤池。具体构造形式和设计参数等请参考相应的专业书籍，在此不再赘述。

（4）消毒

消毒是保证水质的最后一个步骤，不论是地表水源还是地下水源，处理后的水都必须进行消毒。消毒并非要把水中微生物全部消灭，主要是消除水中致病微生物。根据国家《生活饮用水卫生标准（GB5749—2006）》要求，总大肠菌群、耐热大肠菌群、大肠埃希氏菌不得检出，菌落总数<100CFU/mL[①]；游离氯制剂与水接触至少 30min，出厂水中余氯≥0.3mg/L，管网末梢水中余量≥0.05mg/L，以防止残余微生物在输配水管道中孳生和繁殖。

常用的饮用水消毒方法主要有氯消毒、氯胺消毒二氧化氯消毒、臭氧消毒和紫外线消毒等。各种消毒方法比较见表 3-3。

表 3-3 常用消毒剂及其适用条件
Table 3-3 Common disinfectants and their application conditions

消毒药剂/方式	消毒灭菌性能	副产物生产情况	适用条件
氯	优良	有	应用广泛
氯胺	适中、较氯差	有	供水管线较长时
二氧化氯	优良	无	存在有机物污染时（如酚）
臭氧	优良	无	有机物污染严重时
紫外线辐射	良好	无	工矿企业等集中给水

① CFU（colony forming unit），菌落形成单位。

3.2 给水系统的流量关系

3.2.1 设计流量

城市给水的设计用水量由下列各项组成。

1) 综合生活用水,包括居民生活用水和公共建筑及设施用水。前者指城市中居民的饮用、烹调、洗涤、冲厕、洗澡等日常生活用水;公共建筑及设施用水包括娱乐场所宾馆、浴室、商业、学校和机关办公楼等用水,但不包括城市浇洒道路、绿化和市政等用水。

2) 工业企业生产用水和工作人员生活用水。

3) 消防用水。

4) 浇洒道路和绿地用水。

5) 未预计水量及管网漏失水量。

由于水处理构筑物要求流量稳定,因而取水构筑物和浑水输水管渠一天中各时流量是基本均匀的,其设计流量为

$$Q_I = \alpha \frac{Q_d}{T} \tag{3-1}$$

式中,Q_I 为设计流量(m³/h);Q_d 为最高日用水量(m³/d);α 为水厂自用水系数,地下水 $\alpha=1$,地表水厂 $\alpha=1.05 \sim 1.1$;T 为取水构筑物一天工作的时数(h)。

配水管网的用水量常常与各处理构筑物内水量不一致,其间的差值由调节构筑物如水厂清水池、管网水塔或高地水池等来调节。

水厂清水池用以调节处理水量与二级泵站抽水量的差别,当处理水量大于抽水量时多余的水量储存在清水池中,当处理水量小于二级泵站抽水量时,差额由清水池中水量补给。而水塔和高地水池用来调节二级泵站供水量与管网用水量的差别,避免使二级泵站随管网用水量变化而频繁调节水泵。

3.2.2 配水管网水力计算

管网由许多管段组成,如果需要求得每一管段管径,需先确定该管段的分配流量,才能据此流量确定管径和进行水力计算。

(1) 计算比流量

在进行管网计算时,需要确定管段的沿线流量和节点流量。沿线流量是指供给该管段两侧用户所需流量;节点流量是从沿线流量折算得出的并且假设是在节

点集中流出的流量。在管网水力计算中，首先需要求出沿线流量和节点流量。

假定管段用水量是从管段沿途上均匀分配出去的，那么从单位长度管线上分配出去的流量称为长度比流量，可用下式计算

$$q_s = \frac{Q_h - \sum Q_j}{\sum L}$$ (3-2)

式中，q_s 为长度比流量 $[L/(s \cdot m)]$；Q_h 为管网最高日最高时流量（L/s）；$\sum Q_j$ 为单独计算的大用户用水量之和（L/s）；$\sum L$ 为管道总计算长度（不计入两侧均不供水的管道，当管道沿河等地敷设只有一侧供水时，计入实际长度的一半）(m)。

也可以假定用水量是均匀分布在整个用水面积上，则单位面积上的用水量称为面积比流量。用下式计算：

$$q_A = \frac{Q_h - \sum Q_j}{\sum A}$$ (3-3)

式中，q_A 为面积比流量 $[L/(s \cdot km^2)]$；$\sum A$ 为用水区总面积（km^2）；其余符号意义同前。

（2）计算沿线流量

某一管段沿途分配出去的流量总和叫作沿线流量，可表达为

$$q_L = q_s L$$ (3-4)

或

$$q_L = q_A A$$ (3-5)

式中，q_L 为沿线流量（L/s）；L 为管线的供水计算长度（m）；A 为管线担负的供水面积（km^2）；其余符号意义同前。

（3）计算节点流量

管网中任一管段的流量，由两部分组成：一部分是沿该管段长度 L 配水的沿线流量 q_L，另一部分是通过该管段输水到以后管段的转输流量 q_t。转输流量沿整个管段不变，而沿线流量由于管段沿线配水，所以管段中流量顺水流方向逐渐减少，到管道末端只剩下转输流量。

对于流量变化的管段，难以确定管径和水头损失，需进一步简化，使管段沿线流量成为定值。为方便计算，将管段的沿线出流量一半简化成管段的起点流出，另一半简化到末点流出。经上述简化后，所有用户的用水量都假想从节点上流出，从节点上流出的流量称为节点流量。节点流量包括大用户集中节点流量和从管段沿线流量简化出来的沿线节点流量，有几个管段与该节点相连，就会有几个沿线流量简化到该节点上，节点流量用下式计算：

$$Q_i = \frac{1}{2} \sum q_L + Q_j \qquad (3\text{-}6)$$

简化后所有节点流量之和应等于管网总用水量。

(4) 计算管段流量

用水量简化为节点流量后,可根据管段与节点的相互关系计算管段流量。对于树状网,流量分配比较简单且唯一,任一管段的计算流量等于其后所有节点流量之和,如图 3-5 所示,管段 3-7 的计算流量为

$$q_{3\text{-}7} = Q_5 + Q_6 + Q_7 \qquad (3\text{-}7)$$

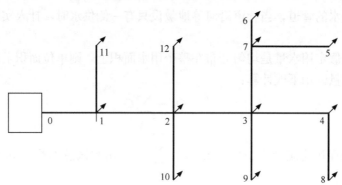

图 3-5　树状网水力计算

Figure 3-5　Hydraulic calculation for tree network

对于环状网,管段计算流量比较复杂,不像树状网一样每一管段都能得到唯一的流量值。但分配流量时,必须保持每一节点的水流连续性,即流向任一节点的流量必须等于流出该节点的流量,以满足节点流量平衡,具体计算过程请查阅给水管网专业书籍。

(5) 确定管径

各管段的管径按下式计算:

$$D = \sqrt{\frac{4q}{\pi v}} \qquad (3\text{-}8)$$

式中,D 为管径(m);q 为管段计算流量(m^3/s);v 为管中流速(m/s)。由式(3-8)可知,管径由管段流量和流速确定。

为了防止管网因水锤现象出现事故,供水管网最大设计流速不应超过 2.5～3m/s;输送浑浊的原水时,为了避免水中悬浮物质在水管内沉淀,最低流速通常不得小于 0.6m/s,可见技术上允许的流速幅度是较大的。因此,需在上述流速范围内,根据当地的经济条件,考虑管网的造价和经营管理费用,来选定合适的经济流速。所谓经济流速,是指按该流速计算确定的管径使得管网的一次性投资和运行费用之和最小的流速。经济流速可按表 3-4 选择。

表 3-4 供水管道的经济流速

Table 3-4 Economical flow velocity in water supply pipes

管径（mm）	平均经济流速（m/s）
100～350	0.6～0.9
≥350	0.9～1.4

3.3 给水系统的水压关系

3.3.1 浑水输水管渠的压力关系

一级泵站将原水从最低水位 Z_0 提升并输送至水厂前端处理构筑物最高水位 Z_c，水泵吸水管路的水头损失为 h_s，经水泵提升后压力增加了 H_p，在压水管路输送过程中水头损失为 h_d，直至 Z_c 水位，如图 3-6 所示，则一级泵站的扬程为

$$H_p = Z_c - Z_0 + h_s + h_d \tag{3-9}$$

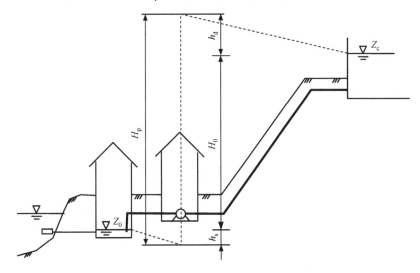

图 3-6 浑水输水管线中的水压

Figure 3-6 Water pressures in raw water conduit pipeline

3.3.2 清水管渠及配水管网的压力关系

二级泵站从清水池吸水，加压后输送分配给用户，并保证用户所需的水压。为了满足用水点处的水压及接户管的水头损失，城市给水管道必须具备一定的自

由水压 H_c。所谓自由水压是指管道压力水头高出当地地面的高度。城市各区自由水压的大小与二级泵站的扬程和所在位置离水厂的距离有关。城市管网中最难供水的点称为控制点，控制点可能是距离远、位置高或建筑层数多的用水点。控制点的供水要求往往决定着二级泵站的扬程和管网的水压。根据管网中水塔的位置不同，将不同工况下的管网水压关系介绍如下。

水头损失包括吸水管、压水管、输水管和管网等水头损失之和。因此，在无水塔情况下，最高用水时管网水压关系如图 3-7 所示。

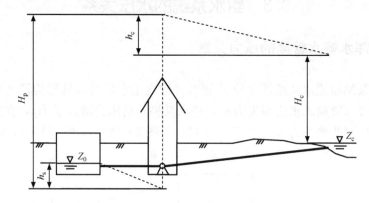

图 3-7　无水塔管网的水压线

Figure 3-7　Water pressures in pipeline without water tower

二级泵站扬程为

$$H_p = (Z_c - Z_0) + H_c + h_s + h_c \qquad (3\text{-}10)$$

式中，Z_c 和 H_c 分别为控制点地面高程、自由水压（m）；Z_0 为清水池最低水位（m）；h_s 和 h_c 分别为吸水管水头损失、输配水管水头损失（m）。

在工业企业和中小城市水厂，有时建造水塔，这时二级泵站只需供水到水塔，而由水塔高度来保证管网控制点的最小自由水压，这时水头损失为吸水管、泵站到水塔的管网水头损失之和。水泵扬程的计算仍可参照式（3-10）。

3.3.3　水头损失的计算

管网水头损失包括沿程水头损失和局部水头损失，局部水头损失一般较小，不单独计算，通常取沿程水头损失的 10% 左右。均匀流管段的水头损失可用谢才公式计算：

$$v = C\sqrt{Ri} \qquad (3\text{-}11)$$

式中，v 为管内平均流速（m/s）；C 为谢才系数；R 为过水断面的水力半径（m）；i 为水力坡降。

用 $v=\dfrac{4q}{\pi D^{2}},R=\dfrac{D}{4},C=\dfrac{1}{n}R^{\frac{1}{6}},i=\dfrac{h}{L}$ 代入式（3-11），并简化得

$$h=\frac{64}{\pi^{2}C^{2}D^{5}}q^{2}L=\frac{10.3\,n^{2}}{D^{5.333}}q^{2}L=\frac{6.347\,n^{2}}{D^{1.3}}v^{2}L \qquad (3\text{-}12)$$

式中，h 为管段水头损失（m）；$L、D$ 分别为管长和管径（m）；q 为管段流量（m^{3}/s）。对不同的管材，还可以采用下列更有针对性的公式计算水头损失。

1）舍维列夫公式。适用于旧钢管、旧铸铁管，水温 10℃时

$$h=0.001\,07\,\frac{v^{2}}{D^{1.3}}L \qquad v\geqslant 1.2\text{m/s} \qquad (3\text{-}13)$$

$$h=0.000\,912\,\frac{v^{2}}{D^{1.3}}\left(1+\frac{0.867}{v}\right)^{0.3}L \qquad v<1.2\text{m/s} \qquad (3\text{-}14)$$

2）巴甫洛夫斯基公式。适用于混凝土管、钢筋混凝土管和渠道：

$$h=0.001\,743\,\frac{q^{2}}{D^{5.33}}L \qquad n=0.013 \qquad (3\text{-}15)$$

$$h=0.002\,021\,\frac{q^{2}}{D^{5.33}}L \qquad n=0.014 \qquad (3\text{-}16)$$

3）塑料管水头损失公式。水温 10℃时：

$$h=0.000\,915\,\frac{q^{1.774}}{D^{4.774}}L \qquad (3\text{-}17)$$

4）石棉水泥管水头损失计算公式：

$$h=0.000\,561\,\frac{v^{2}}{D^{1.19}}\left(1+\frac{3.51}{v}\right)^{0.19}L \qquad (3\text{-}18)$$

式中符号意义均同前。

3.4 给水系统的运行分析

3.4.1 混凝剂用量分析

混凝投药是保证絮凝效果、净化水质及节省药耗的重要一环。在一定工艺条件下（沉淀池出口的浊度指标和净水构筑物的结构不变），混凝效果由混凝剂的投加量所决定。投加量过小，达不到除浊的目标；投加量过大，不但对水质和人体健康产生不良影响，还会增加制水成本及相应的碳排放。在实际生产中，影响混凝剂投加量的因素主要有：原水浊度、处理水量、原水 pH、各种离子和有机物的含量、混凝剂自身的特性及浓度等。

目前，国内确定混凝剂加量的方法通常有（常永滑，2007）：通过人工观察矾花形成情况来确定混凝投加量的人工经验法；以烧杯搅拌实验为基础的实验法；以模拟装置运行数据为基础的模型池法；以流动电流检测仪和透光率脉动检

测仪等设备为基础的仪器仪表法；以研究影响混凝效果的各种原水因素（如浊度、温度、碱度等），从而找出对应数学关系为基础的数学模型法，如 BP 神经网络模型和指数模型等。

(1) BP 神经网络模型

黄廷林等（2004）直接利用原始监测资料，分析浊度（X_1）、pH（X_2）、碱度（X_3）、温度（X_4）等参数对混凝效果的影响，建立 BP 网络的输入参数和输出参数之间的神经网络模型。该方法不需对数据做预处理，避免了人为干预，客观性较好，在水厂运行中取得了较满意的结果。

(2) 指数模型

田一梅和张宏伟（1998）根据影响原水水质的各因素，选取浊度与流量作为混凝剂投加量的主要影响因素，并根据滤前水浊度对投加量进行反馈，确定投加量实验模型为

$$m = \alpha_0 Z_0^{\alpha_1} Q^{\alpha_2} Z_1^{\alpha_3} \tag{3-19}$$

式中，m 为混凝剂投加量（mg/L）；Z_0 为原水浊度（NTU[①]）；Q 为原水流量（m^3/h）；Z_1 为待滤水浊度（NTU）；α_0、α_1、α_2、α_3 为待估参数。

3.4.2 过滤材料用量分析

水处理过滤材料可采用石英砂（河砂、海砂或采沙场的砂），含杂质少，具有足够的机械强度和化学稳定性，并有一定的级配及适当的孔隙率（40％左右），不含有毒有害物质。

一般砂滤料最小粒径 $d_{min}=0.5mm$，最大粒径 $d_{max}=1.2mm$，不均匀系数 $K_{80} \leq 2$。

$$K_{80} = \frac{d_{80}}{d_{10}} \tag{3-20}$$

式中，d_{80} 和 d_{10} 分别为筛分曲线中通过 80％ 和 10％ 重量之砂的筛孔大小，$d_{10}=0.52 \sim 0.6mm$。

滤池厚度不小于 700mm。美国《水质与水处理公共供水技术手册》推荐 L（砂深）/d_e（有效粒径）>1000 为宜。

3.4.3 消毒剂用量分析

水中加氯量分为两部分，即需氯量和余氯。需氯量指用于消灭水中微生物、

---

① NTU（nephelometric turbidity units），散射浊度单位。

氧化有机物和还原性物质等消耗的部分。为了抑制水中残余病原微生物的再度繁殖，管网中尚需维持少量剩余氯。我国《生活饮用水卫生标准（GB5749—2006)》规定，与水接触30min后出厂水游离氯≥0.3mg/L，或与水接触120min后出水总氯≥0.5mg/L。

一般的地表水经混凝、沉淀和过滤后或清洁的地下水，加氯量可采用1.0~1.5mg/L；一般的地表水经混凝、沉淀而未过滤时可采用1.5~2.5mg/L。一般水厂每天做需氯试验，工人根据自己的投加经验投加或者参考实验数据。

3.4.4 能耗分析

本节以石家庄某自来水厂为例（陆柯，2005)，简单说明城市自来水处理厂能源消耗情况。研究的所有能耗全部按功率计算，对于机电设备按实际功率进行测定，而对于各池型的水头损失，通过换算成所需水泵与电机的功率，其换算公式为

$$N = \frac{\gamma gQh \times 10^4}{\eta \times 10^3 \times 3600 \times 24} \tag{3-21}$$

式中，N 为实际功率（kW)；γ 为水的密度（1000kg/m³)；Q 为流量（万 m³/d)；h 为水头（m)；g 为重力加速度（m/s²)；η 为电机和水泵总效率。若取 $\eta=0.7$，则 $N = 1.625 \times Q \times h$（kW)。

该水厂设计总规模为30万 m³/d，主要工艺流程如图3-8所示；主要构筑物和设备见表3-5。

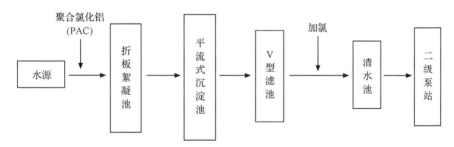

图 3-8　石家庄某水厂工艺流程图

Figure 3-8　Process flowchart of a water plant in Shijiazhuang

根据表3-5，可分析各工艺过程机械设备的实际能耗与其占整个工艺流程总能耗比例的情况，见表3-6。

从表3-6统计可看出，单纯从能耗的角度看，供水系统中泵站能耗最高，其次是滤池、排泥水处理、混合，沉淀及絮凝的能耗较低。因此，给水处理中泵站是节能的重点。

表 3-5 石家庄某水厂主要构筑物及设备

Table 3-5 Main structures and equipments of a water plant in Shijiazhuang

序号	构筑物	设备	设备功率（kW）	数量	参数	设计功率（kW）	实际功率（kW）	百分比（%）
					Ⅰ 加药			
1	加药	G430VE75/75 隔膜式变频驱动加药泵	0.8	3（2用1备）	$Q_1 = 1950\text{L/h}$ $H = 26\text{m}$	2.3	1.6	65.2
					Ⅱ 混凝、沉淀			
1	混合	静态混合器		2	DN1400，$L = 4.2\text{m}$，$h = 0.4 \sim 0.6\text{m}$	24.38	24.38	
2	絮凝	高效折板反应池		8	$\sum h = 0.2\text{m}$	9.8	9.8	100
3	沉淀	平流式沉淀池		4	$t = 2\text{h}$，$v = 14\text{mm/s}$，$h = 0.3\text{m}$	14.6	14.6	
					Ⅲ 过滤			
1	V型滤池			16	$\sum h = 2.0\text{m}$，$v = 10.2\text{m/h}$	97.5	97.5	100
2	气水反冲洗	鼓风机	110	2（1用1备）	冲洗强度与时间：气冲 16.7L/(m²·s)，$t = 3 \sim 5\text{min}$，水冲洗 4.2 L/(m²·s)，$t = 6 \sim 9\text{min}$，周期24h	220	110	50
		冲洗水泵	50	2（1用1备）		100	50	
					Ⅳ 送水泵房			
1	送水泵房	SDA500-600 型清水泵	630	6（4用2备）	$Q_2 = 1.2\text{m}^3/\text{s}$，$H = 40\text{m}$，$K_h = 1.4$，出厂水压力 35m	3780	2520	66.7
					Ⅴ 排泥水处理			
1	浓缩池提升泵	潜水泵	24	2（1用1备）	$Q_3 = 1250\text{m}^3/\text{h}$，$H = 7\text{m}$	48.0	24.0	50
2	污泥泵	螺杆泵	3.6	2（1用1备）	$Q_4 = 25\text{m}^3/\text{h}$，$H = 12\text{m}$	7.2	3.6	50
3	脱水泵	带式压滤机 YC-SP 型	7.5	1	干污泥产率 = 250kg/(m·h)，D = 3m	7.5	7.5	100

注：各种池型实际功率 $= 1.625 \times Q \times h = 1.625 \times 30h = 48.75h$；机电设备实际功率 = 设备功率×使用台数。

表 3-6　石家庄某水厂处理过程中的能耗

Table 3-6　Energy consumption in various treatment processes of a water plant in Shijiazhuang

能耗＼水处理过程	取水泵站	混合	絮凝	沉淀	过滤	送水泵站	排泥水处理
实际能耗（kW）	重力流	24.4	9.8	14.5	257.5	2520.0	35.1
占总能耗比例（%）	0	0.85	0.34	0.51	9.00	88.07	1.23

参 考 文 献

常永滑. 2007. 净水厂混凝投药控制的研究. 天津：天津大学硕士学位论文.

黄廷林，张莉平，李玉仙. 2004. 最佳混凝剂投药量的 BP 神经网络预测研究. 西安建筑科技大学学报，
　36（4）：379-382.

陆柯. 2005. 城市给水系统能耗分析与节能技术研究. 重庆：重庆大学硕士学位论文.

田一梅，张宏伟. 1998. 水处理系统运行状态数学模拟的研究. 中国给水排水，4：10-13.

|第4章| 城市排水系统

Chapter 4　Urban Drainage System

4.1　城市排水体制

在城市的生活和生产中通常需要排除生活污水、工业废水和雨水等。这些污（废）水可采用一个、两个或两个以上各自独立的管渠系统来排除。污（废）水的这种不同排除方式所形成的排水管渠系统，称作排水系统的体制，简称排水体制。现行的排水体制主要有合流制和分流制两种类型。

合流制排水系统是将生活污水、工业废水和雨水等混合在同一个管渠内不经处理直接就近排入自然水体的系统。由于污水未经无害化处理就排放，使受纳水体遭受严重污染。现在常用的是截流式合流制排水系统（图4-1）。这种系统是在临河岸边建造一条截流干管，同时在合流干管与截流干管相交前或相交处设置溢流井，并在截流干管下游设置污水厂。但当混合污水的流量超过截流干管的输水能力后，有部分混合污水经溢流井溢出，直接排入自然水体。合流制系统晴天管内流量较小，流速较低，污染物易沉淀，不利于维护管理。

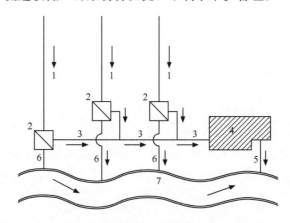

图4-1　截流式合流制排水系统

Figure 4-1　Intercepting combined sewer system

注：1-合流干管；2-溢流井；3-截流主干管；4-污水处理厂；5-出水口；6-溢流出水口。

分流制排水系统是将生活污水、工业废水和雨水分别在两个或两个以上各自独立的管渠内排除的系统（图 4-2）。排除生活污水、城市污水或工业废水的系统称为污水排水系统；排除雨水的系统称为雨水排水系统。由于排除雨水方式的不同，分流制排水系统又分为完全分流制、不完全分流制和截流式分流制三种排水体制。

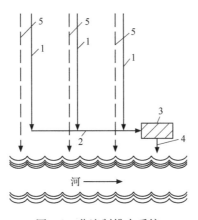

图 4-2　分流制排水系统

Figure 4-2　Separated sewer system

注：1-污水干管；2-污水主干管；3-污水处理厂；4-出水口；5-雨水干管。

完全分流制排水系统是建立两个独立的排水系统，将污水和雨水分开排除；而不完全分流制只具有污水排水管道系统，没有完整的雨水排水系统，雨水通过地面漫流进入不成系统的明沟或小河，或者为了补充原有渠道系统输水能力的不足而修建部分雨水道，可节省初期投资费用，缩短施工期，待城市进一步发展再修建雨水排水系统从而转变成完全分流制排水系统。一般来说，分流制系统管道维护管理方便，但总造价较合流制高，且初期雨水径流对水体的污染较严重。

近年来，国内外众多研究者对城市降雨径流水质进行了广泛监测与调查，发现城市降雨径流中污染物水平并不低，特别是初期降雨径流中的污染物浓度通常很高，有时甚至高于生活污水中的相应污染物浓度，城市降雨径流已成为影响城市周边水体水质的不可忽视的因素。鉴于此，对降雨径流进行严格控制的截流式分流制排水体制（图 4-3）被提出。在该排水体制中，污水经污水管网送至污水处理厂，经处理后排入受纳水体；初期降雨径流通过截流系统也送入污水处理厂进行处理；中后期污染程度较轻的降雨径流则通过截流系统的溢流管直接排入受纳水体。

有些城市是混合制排水系统，即既有分流制也有合流制的排水系统。混合制排水系统一般是在合流制的城市需要扩建原排水系统时出现的。在大城市中，因各区域的自然条件以及修建情况可能相差较大，因地制宜的在各区域采用不同的排水体制也是合理的。例如，美国纽约以及我国上海等城市便是这样形成的混合

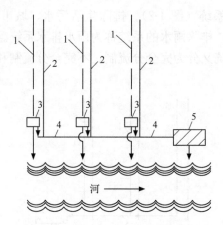

图 4-3　截流式分流制排水系统

Figure 4-3　Intercepting separated sewer system

注：1-雨水管；2-污水管；3-截流井；4-污水干管；5-污水处理厂。

制排水系统。

4.2　城市排水系统组成

　　排水系统是指排水的收集、输送、处理和利用，以及相关设施以一定方式组合成的总体。城市排水系统可依据排除对象不同分为城市污水排除系统、工业废水排除系统和雨水排除系统。本节分别对这三类排水系统的组成以及排水管道附属构筑物进行介绍。在实际城市建设过程中，可能不单独形成工业废水排除系统，工业废水在经适当处理并满足《污水排入城市下水道水质标准（CJ18—86)》后方可排入城市污水管道，但不能排入城市雨水管道。

4.2.1　城市污水排水系统

　　城市污水排水系统通常是指以收集和排除生活污水为主的排水系统。

　　城市生活污水排水系统由以下几部分组成。

　　1）室内污水管道系统及设备。其作用是收集生活污水，并将其排送至室外居住小区污水管道中。

　　2）室外污水管道系统。指分布在地面下的依靠重力流输送至污水泵站、污水处理厂或自然水体的管道系统。它又分为居住小区管道系统及街道市政管道系统。

　　3）污水泵站及压力管道。污水由于受到地形等条件限制不能以重力流排出时，需设置提升泵站，提升泵站根据其所处位置的不同可分为局部泵站、中途泵站和总泵站等。压送从泵站出来的污水至高地自流管或至污水处理厂的承压管道，称压力管道。

4）污水处理厂。污水处理厂是处理和回收污（废）水与污泥的场所。

5）出水口及事故排出口。污（废）水排入水体的渠道或出口称出水口，它是整个城市污（废）水排水系统的终点，当发生故障时，污水通过事故排出口排除。

4.2.2　工业废水排水系统

独立的工业废水排除系统包括以下五方面：

1）车间内部管道系统及排水设备：收集各生产设备排出的工业废水，并将其排送至车间外部的厂区管道系统；

2）厂区管道系统及附属设备：敷设在工厂内，用以收集并输送各车间排出的工业废水的管道系统；

3）废水泵站和压力管道；

4）废水处理站（厂）；

5）出水口（渠）。

4.2.3　雨水排水系统

城市的降雨径流主要来自屋面和地面，屋面上的降雨径流通过天沟和竖管流至地面，然后随地面上的降雨径流一起通过雨水口流至庭院下的雨水管道或街道下面的管道。当降雨径流依靠重力自流排放有困难时，需设置雨水泵站对雨水进行提升。

城市雨水排除系统主要包括以下四方面：

1）房屋雨水管道系统：包括天沟、竖管等；

2）街坊（或厂区）和街道雨水管渠系统：包括雨水口、庭院雨水沟、支管、干管等；

3）雨水提升泵站；

4）出水口（渠）。

在完全分流制排水体制中，降雨径流无需处理，就近排入水体。与完全分流制排水体制有所不同，在截流式分流制排水体制的雨水排除系统中，增加了能够将初期降雨径流引入排水管道的设施，即雨水截流井，初期降雨径流经过截流管与污水一同排入污水处理厂进行处理，超过截流井截流能力的降雨径流则跨越截流管直接排入受纳水体。在截流式合流制排水体制中，初期降雨径流由房屋、街道雨水管道或管渠系统收集后，与城市污水汇集，共同被输送至污水处理厂进行处理，在截流干管处设有溢流井，将超过截流干管输水能力的雨污混合水直接排入水体。

4.2.4 城市排水管道的附属构筑物

为了有组织地顺利排出污水，除管渠本身外，还需在管渠系统上设置一些附属构筑物，主要的附属构筑物及其作用见表 4-1。

表 4-1　城市排水管道附属构筑物

Table 4-1　Auxiliary structures of municipal drainage system

名称	作用
检查井	便于对管渠系统作定期检查和清通
跌水井	为削减检查井内衔接的上下游管道里的水流速度，防止冲刷而采取的消能措施
溢流井	在截流式合流制排水系统中，通常在合流制管渠与截流干管的交汇处设溢流井，将超过截流管输水能力的混合污水直接排入水体
雨水口	在雨水管渠或合流管渠上收集雨水的构筑物
倒虹管	排水管渠遇到河流、山涧、洼地或地下构筑物等障碍物时，不能按原有的坡度埋设，而是按下凹的折线方式从障碍物下通过，这种管道称为倒虹管
水封井	为避免管道中污（废）水产生的易燃易爆气体引起爆炸或火灾而设置的

4.3　污水管道系统设计

4.3.1　城市污水管网系统布置原则

进行城市污水管网系统的规划设计工作时，首先需要在城市总平面图上进行管网系统的平面布置，也称污水管网系统的定线。污水管网系统的平面布置通常应遵循以下原则。

(1) 合理设置控制点的高程

一方面要保证现有各服务区内的污水能及时自流排出，并在管道的埋深选择上为未来管网系统的完善与发展留有一定的余地；另一方面又应避免因顾及个别控制点而增加全线管道的埋深。

(2) 优先布置主干管和干管

城市污水主干管和干管是污水管道系统的主体，它们布置的恰当与否将直接影响整个污水管网系统的布局合理性。

(3) 污水干管一般应沿城市道路布置

污水干管通常设置在污水量较大或地下管线较少一侧的人行道、绿化带或慢车道下,当道路宽度大于 40m 时,可以考虑在道路两侧各设一条污水干管,以减少过街管道的长度与数量,便于施工、检修和维护管理。

(4) 尽可能在地下条件好的路面敷设管道

污水管道应尽量敷设在水文地质条件较好的路面下,尽量避免穿越不易通过的地带和构筑物,如高地、河道、铁路、地下建筑或其他障碍物,也要注意尽量避免与其他地下管线的交叉重叠。

(5) 尽可能沿地面坡度敷设管道

尽可能使污水管道的坡度与所敷设的地面坡度一致,以减少管道的埋深。为降低工程造价及运行管理成本,应尽可能不设或少设中途提升泵站。

(6) 减少大口径管道的使用

管线布置应简洁,要特别注意尽量减少大口径管道的使用。在小流量大口径管道环境下,为了保证自净流速,该段管道的坡度会较大,从而使管道埋深增加。因此,为了尽可能地降低工程造价,要避免在平坦的地区布置设计流量小而管线过长的大口径管道。

4.3.2 污水量计算

城市产生的污水量与城市的规划年限、产业结构、发展规模、技术水平、用水标准和用水习惯等密切相关,正确地计算城市污水量是进行污水管网系统规划的重要前提。根据污水量的大小确定管径、泵站和污水处理厂的大致规模;在详细规划阶段,要求较为精确地计算出污水设计流量(即污水管道及其附属构筑物能够保证通过的最大流量,在城市污水管网系统规划中通常采用最高日最高时的流量),从而为选定管径、布置管道、确定泵站规模和位置并进行投资造价估算提供数据支持。总体规划阶段的污水量可以根据用水量预测结果进行估算,本节将重点介绍详细规划阶段污水量的计算方法。

城市污水量包括居住区生活污水量、工业企业生活污水及沐浴污水量和排入城市管网的工业废水量;在地下水位较高的地区,还应适当考虑地下水入渗量,其量宜根据当地的测定资料确定,此节在计算表述时不考虑地下水入渗量。因此,污水设计流量的计算公式可表示为

$$Q_{dr} = Q_1 + Q_2 + Q_3 \tag{4-1}$$

式中,Q_{dr} 为截流井以前的旱季污水设计流量(L/s);Q_1 为居住区生活污水的最大流量(L/s);Q_2 为工业企业区生活污水及沐浴污水的最大流量(L/s);Q_3 为

排入城市污水管道的工业企业废水的最大流量（L/s）。

（1）居住区生活污水最大流量的计算

居住区生活污水的最大流量为

$$Q_1 = \frac{q_0 N K_z}{24 \times 3600} \tag{4-2}$$

式中，q_0 为每人每日平均污水定额 [L/（人·日）]；N 为人口数（人）；K_z 为综合生活污水量总变化系数。其中，每人每日平均污水定额可参考《室外排水设计规范（GB 50014—2006）》中居民生活用水定额或综合生活用水定额，结合当地的实际情况选用。对于给排水系统完善的地区，污水定额可按用水定额的 90% 计，一般地区可按 80% 计。

综合生活污水量总变化系数可表示为

$$K_z = K_1 K_2 \tag{4-3}$$

式中，K_1 为日变化系数，即最高日污水量与平均日污水量的比值；K_2 为时变化系数，即最高日最大时污水量与最高日平均时污水量的比值；K_1 和 K_2 数据一般需要通过统计分析当地实际污水量的流量监测资料获得，而总变化系数 K_z 可按我国《室外排水设计规范（GB 50014—2006）》中的相关规定取值。

（2）工业企业区生活污水及沐浴污水最大流量的计算

工业企业区生活污水及沐浴污水的最大流量为

$$Q_2 = \frac{A_1 B_1 K_1 + A_2 B_2 K_2}{3600 T} + \frac{C_1 D_1 + C_2 D_2}{3600} \tag{4-4}$$

式中，A_1 为一般车间最大班职工人数（人）；A_2 为热车间最大班职工人数（人）；B_1 为一般车间职工生活污水定额 [L/（人·班）]，一般以 25 计；B_2 为热车间职工生活污水定额 [L/（人·班）]，一般以 35 计；K_1 为一般车间生活污水量时变化系数，以 3.0 计；K_2 为热车间生活污水量时变化系数，以 2.5 计；C_1 为一般车间最大班使用淋浴的职工人数（人）；C_2 为热车间最大班使用淋浴的职工人数（人）；D_1 为一般车间的淋浴污水定额 [L/（人·班）]，一般以 40 计；D_2 为高温、污染严重车间的淋浴污水定额 [L/（人·班）]，一般以 60 计；T 为每班工作时数（h）。淋浴时间以 60min 计。

（3）工业企业区废水最大流量的计算

工业废水最大流量通常按工厂各车间的日产量和单位产品的废水量计算，即

$$Q_3 = \frac{q_m M_d K_g}{3600 T_d} \tag{4-5}$$

式中，q_m 为生产过程中单位产品的废水量定额（L/个）；M_d 为每日生产的产品数量（个）；K_g 为工业企业废水量总变化系数；T_d 为工业企业每日工作小时数（h）。其中，单位产品的废水量定额和总变化系数的确定应根据工艺特点选取，

并需与国家现行的工业用水量的有关规定一致。

4.3.3　污水管网水力计算

在完成了污水管网系统的平面布置并计算出城市污水量后，可进行污水管道的水力计算，以便在规划方案中经济合理地确定管道的管径、坡度和埋深。污水在管道内的流动一般为重力流，虽然污水中含有一定数量的悬浮物，但由于其含固率通常小于1%，可以认为城市污水在管道中的流动遵循一般流体规律，即可采用水力学公式进行计算。在传统的规划方法中，计算污水在管道内的流动有三点假设：

1）污水在管道内的流动按均匀流计算；

2）管道内的水流为非满流流动状态；

3）管道内的水流与污染物不产生淤积，也不冲坏管壁。

依据我国现行规范，排水管渠设计流量的计算公式为

$$Q = vA \tag{4-6}$$

式中，Q 为排水管渠的设计流量（m^3/s）；v 为水流断面的平均流速（m/s）；A 为水流有效断面面积（m^2）。其中，管渠内恒定均匀流的流速 v 可表示为

$$v = \frac{1}{n} R^{\frac{2}{3}} i^{\frac{1}{2}} \tag{4-7}$$

式中，i 为水力坡度，重力流按管渠底坡降计算；R 为水力半径（m）；n 为粗糙系数，宜按《室外排水设计规范（GB50014—2006）》中的规定取值（表4-2）。

表 4-2　排水管的粗糙系数

Table 4-2　Roughness coefficient of drainage pipes

管渠类型	粗糙系数 n	管渠类型	粗糙系数 n
UPVC管、PE管、玻璃钢管	0.009～0.01	浆砌砖渠道	0.015
石棉水泥管	0.012	浆砌块石渠道	0.017
陶土管、铸铁管	0.013	干砌块石渠道	0.020～0.025
混凝土管、钢筋混凝土管、水泥砂浆抹面渠道	0.013～0.014	土明渠（包括带草皮）	0.025～0.030

计算排水管渠的设计流量和流速时，过流断面上的各水力要素（水流有效断面面积 A、湿周 χ 及水力半径 R）需要根据管渠断面形式计算确定。常用的管渠断面形式有圆形、矩形、马蹄形、半椭圆形、梯形及卵形等。其中圆形管道具有较大的输水能力，水力条件较好，不易产生沉积；此外，圆形管道还具有受力条件好、省料、便于预制和运输等优点。因此，圆形管道在排水工程中的应用十分

广泛。

《室外排水设计规范（GB50014—2006）》中对于污水管道的设计充满度、设计流速、最小管径和最小设计坡度等均作了明确规定，可作为我国现行排水管网系统规划设计的控制数据，现将其分述如下。

（1）最大设计充满度

在设计流量下，污水在管道中的水深 h 和管道直径 D 的比值称为设计充满度（或水深比）。污水管道的设计有满流和非满流两种方法，我国按非满流进行设计。污水管道的设计充满度应小于或等于最大设计充满度（表4-3）。

表4-3　污水管道的最大设计充满度

Table 4-3　Maximum design depth ratio of sewers

管径或暗渠高（mm）	最大设计充满度（h/D）	管径或暗渠高（mm）	最大设计充满度（h/D）
200~300	0.55	500~900	0.70
350~450	0.65	≥1000	0.75

（2）设计流速

设计流速是指管渠在设计充满度情况下，排泄设计流量时的水流平均流速。为了防止管道内的淤积和管壁受水流的冲击过大，规定污水管道的最小设计流速为 0.6m/s，明渠的最小设计流速为 0.4m/s。排水管道的最大设计流速与管道材料有关，金属管道的最大设计流速为 10.0m/s，非金属管道为 5.0m/s。排水明渠的最大设计流速取决于渠道的铺砌材料及水深。如果排水管道采用压力流，压力管道的设计流速宜在 0.7~2.0m/s。

（3）最小管径和最小设计坡度

在城市污水管网系统中，特别是对于支管而言，如果管段的设计流量过小，则按流量选择的对应管径就较小。管径过小的管道容易阻塞，会增加污水管道的维护工作量和管理费用，为此，室外污水管道的最小管径一般为 300mm；当按设计流量计算所确定的管径小于最小管径时，设计管径取最小管径。

在均匀流的情况下，水力坡降等于水面坡度，也等于管底敷设的坡度。在设计流量下管内最小设计流速时的管道坡度叫作最小设计坡度。如污水管最小管径 300mm，其最小设计坡度：塑料管为 0.002，其他管为 0.003。

（4）污水管道的埋设深度

管道埋设深度（图4-4）有两个意义：①覆土厚度——管道外壁顶部到地面的距离；②埋设深度——管道内壁底至地面的距离。这两个数值都能说明管道的埋设深度。为了降低工程造价，缩短施工期，管道埋设深度越小越好，但覆土厚度应有一个最小的限制，否则就不能满足技术上和使用上的要求。这个最小限制称为最小覆土厚度。

污水管道的最小覆土厚度，一般应满足以下三点要求。

1）必须防止管道内污水冰冻和因土壤冻胀而损坏管道。

无保护措施的生活污水管道或水温与生活污水接近的工业废水管道，管底最高可埋设在冰冻线以上 0.15m。有保护措施或水温较高的管道，管底在冰冻线以上的距离可加大，其数值应根据该地区或条件相似地区的经验确定。

2）必须防止管壁因地面荷载而受到破坏。

埋设在地面下的污水管道承受着覆盖其上的土壤静荷载和地面上车辆运行产生的动荷载。

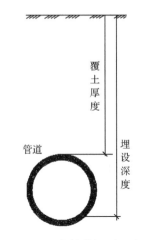

图 4-4　污水管道的覆土厚度
Figure 4-4　Thickness of covering soil on sewers

为了防止管道因外部荷载影响而损坏，首先要注意管材质量，另外必须保证管道有一定的覆土厚度。结合各地埋管经验，车行道下污水管最小覆土厚度不宜小于 0.7m。非车行道下的污水管道若能满足管道衔接的要求以及无动荷载的影响，其最小覆土厚度可适当减小，但必须敷设于冻土层以下并满足《室外排水设计规范（GB 50014—2006）》的要求。

3）必须满足街区污水连接管衔接的要求。

城市住宅、公共建筑内产生的污水要能顺畅排入街道污水管网，就必须保证街道污水管网起点的埋深大于或等于街区污水管终点的埋深。而街区污水管起点的埋深又必须大于或等于建筑物污水出户管的埋深。这对于确定在气候温暖、地势平坦地区街道管网起点的最小埋深或覆土厚度是很重要的因素。从安装技术方面考虑，要使建筑物首层卫生设备的污水能顺利排出，污水出户管的最小埋设深度一般采用 0.5～0.7m，所以街区污水管道起点最小埋深也应有 0.6～0.7m。根据街区污水管道起点最小埋深值，可根据图 4-5 和式（4-8）计算出街道管网起点的最小埋设深度。

$$H = h + iL + Z_1 - Z_2 + \Delta h \tag{4-8}$$

式中，H 为街道污水管网起点的最小埋深（m）；h 为街区污水管起点的最小埋深（m）；Z_1 和 Z_2 分别为街道污水管和街区污水管检查井起点处地面标高（m）；i 和 L 分别为街区污水管和连接支管的坡度和总长度（m）；Δh 为连接支管与街道污水管的管内底高差（m）。

对每一个具体管道，从上述三个不同的因素出发，规划设计时可以得到三个不同的管底埋深或管顶覆土厚度值，这三个数值中的最大一个值就作为这一管道设计的允许最小覆土厚度或最小埋设深度。

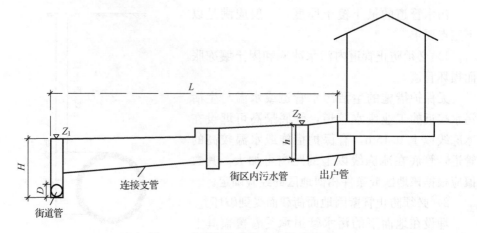

图 4-5　街道污水管最小埋深示意图

Figure 4-5　Minimum buried depth of street sewers

除考虑管道的最小埋深外，实际工程还应考虑管道的最大埋深问题。埋深越大，则造价越高，施工工期也越长。一般在干燥土壤中，管网允许的最大埋深不超过 $7\sim8\mathrm{m}$；在多水、流砂、石灰岩地层中，一般不超过 $5\mathrm{m}$。

4.4　雨水管渠系统设计

4.4.1　雨水管渠系统的布置原则

传统上，雨水管道布置的主要目的是将降雨径流尽快地从城市地表排走，避免城市内涝，在不影响居民生产和生活的同时，达到经济合理的要求。雨水管渠的布置通常需要考虑以下原则。

（1）充分利用地形，就近排入水体

规划雨水管线时，首先应按地形划分排水区域，再进行管线布置。根据分散和节约的原则，雨水管渠的布置一般采用正交式布置，以保证雨水管渠以最短的路线，较小的管径把雨水就近排入水体。

（2）尽量避免设置雨水泵站

由于雨水泵站的投资大、能耗高，在一年中的运转时间较短，利用率较低，因此在规划雨水管线时，应尽可能地利用地形，降雨径流尽量以重力流流入水体。在某些地势低洼或受潮汐影响的城市，在不得不设置雨水泵站的情况下，也要把经过泵站排泄的降雨径流量减少到最低限度。

（3）结合街区及道路规划布置雨水管渠

街区内部的地形、道路和建筑物的布置是确定街区内部地表径流分配的主要因素，尽量利用道路两侧边沟排除地表径流。雨水管渠通常设在人行道或慢车道下，以便检修。不宜敷设在交通量大的干道下，以免积水影响交通。

(4) 结合城市竖向规划

城市用地竖向规划的主要任务之一就是研究在规划城市各部分高度时，如何合理地利用地形，使整个流域内各区域的地表径流能在最短的时间内，沿最短的距离流到街道，并沿街道边沟流入最近的雨水管渠或受纳水体，同时考虑到与其他地下管线（给水、排水、供暖、供气、电力、电信）和地下空间利用的协调。

(5) 合理利用水体

在布置雨水排除管网时，应充分利用城市下垫面的洼地和池塘，或有计划地开挖一些池塘，通过降低地表的汇流面积和径流系数，从而在大暴雨时存储一定的径流量，以避免地面积水，并减小管渠铺设长度或断面尺寸，从而节约投资。

4.4.2 雨水管渠设计流量的计算

计算管渠的设计流量是确定雨水管渠断面尺寸和坡度的先决条件，它与城区的降雨强度、地表情况和汇水面积等因素有关。

(1) 雨水管渠设计流量计算公式

雨水设计流量按以下公式计算：

$$Q = \psi q F \tag{4-9}$$

式中，ψ 为径流系数，其数值小于1；F 为汇水面积（hm^2）；q 为设计暴雨强度（L/s）。

设计暴雨强度 q 由重现期和降雨历时确定（参照式（2-12））。其中重现期的选定应根据汇水面积所在地区的建设性质（广场、干道、厂区、居住区）、地形特点、汇水面积和气象特点等因素确定，一般选用 0.5～3 年；重要地区或短期积水即能引起较严重损失的地区，宜采用较高的的设计重现期，一般选用 2～5 年。当降雨历时等于集水时间时，雨水流量最大。因此，通常用汇水面积最远点的雨水径流达到设计断面的时间作为设计降雨历时 t，其由地面集水时间和管内雨水流行时间两部分组成。

(2) 径流系数的确定

降落在地面上的雨水并不能全部直接进入雨水管渠，沿地面流入管渠的部分称为地表径流。地表径流系数 ψ 是指在一定汇水面积内的地表径流量与降水量的比值。影响径流系数的因素主要有汇水区的地面性质、地面植物的生长和分布情况、地面建筑物的面积或道路路面的性质等。《室外排水设计规范（GB50014—2006）》中规定的径流系数见表4-4。

表4-4　城市地表径流系数的经验值

Table 4-4　Empirical value of runoff coefficient in urban area

地面种类	径流系数	地面种类	径流系数
各种屋面，混凝土和沥青路面	0.85～0.95	干砌砖石和碎石路面	0.35～0.40
大块石铺砌路面和沥青表面处理的碎石路面	0.55～0.65	非铺砌土路面	0.25～0.35
级配碎石路面	0.40～0.50	公园或绿地	0.10～0.20

4.4.3　雨水管渠的水力计算

雨水管渠的设计流量和流速的计算方法与4.3.3节中的污水管道计算方法相同，分别见式（4-6）和式（4-7）。但雨水管道按满流计算，过流断面上水力要素的计算公式比污水管道简单。

雨水管道一般采用圆形断面，但当直径大于2m时，也可采用矩形、半椭圆形或者马蹄形，明渠一般采用矩形或梯形。通常，雨水管渠的设计充满度、设计流速、坡度和管径等需要满足以下要求。

（1）设计充满度

与污水管网不同，雨水管渠是按满流进行计算的，即设计充满度为1。

（2）设计流速

由于雨水管渠内的沉淀物一般是泥沙等较大的地表颗粒物。为了防止管道内沉淀和淤积，设计时需要选取较高的水流速度。《室外排水设计规范（GB50014—2006）》中规定，雨水管渠（满流时）的最小设计流速为0.75m/s，明渠为0.4m/s。为了防止管壁和渠壁的冲刷损坏，雨水管渠内的流速也不应过高，其最大设计流速的选择与污水管道相同。

（3）最小坡度和最小管径

为了保证管渠内不发生淤积，雨水管渠的最小坡度应按最小流速计算确定。为了保证管道养护上的便利，防止管道发生淤积，雨水管渠的管径也应满足最小管径的要求。《室外排水设计规范（GB50014—2006）》对于雨水管道的最小坡度和最小管径都有明确规定，见表4-5。

表4-5　雨水管道的最小坡度和最小管径

Table 4-5　Minimum slope and minimum diameter of storm drain lines

管道类型	最小管径（mm）	最小设计坡度
塑料雨水管	300	0.002
其他雨水管	300	0.003
雨水口连接管	200	0.01

雨水管道的埋深设计原则与污水管道埋深相同，详见 4.3.3 节。

4.5 合流制管渠系统设计

传统的城市排水管网系统大多是直排式合流制，污水就近排入自然水体，给城市卫生和人民生活带来了严重威胁。但是将原有管网系统改为分流制，会受城区改造条件和投资规模等的限制，因此在实际工作中，通常是沿河设置截流干管，采用截流式合流制系统。

4.5.1 截流式合流制排水管渠系统的布置原则

截流式合流制城市排水系统除了应满足对管渠、泵站、污水处理厂、出水口等布置的一般要求外，还应根据其特点，考虑下列因素。

1) 合流制管渠的布置应使其服务区域内的生活污水、工业废水和雨水都能合理地排入设计的管渠，并尽可能以最短距离坡向截流干管。

2) 暴雨时，超过一定数量的混合污水能顺利地通过溢流井泄入附近水体，以便尽量减少截流干管的断面尺寸，缩短排放渠道的长度。

3) 溢流井的数目不宜过多，位置选择应恰当，以免增加溢流井和排放渠道的造价，同时尽量减少对水体的污染。

4.5.2 截流式合流制排水管渠设计流量

在截流式合流制排水管渠中，第一个溢流井上游合流管段的设计流量可计算为

$$Q = (Q_s + Q_g) + Q_y = Q_h + Q_y \qquad (4\text{-}10)$$

式中，Q 为第一个溢流井上游合流管段的设计流量（L/s）；Q_s 为设计综合生活污水量（L/s）；Q_g 为设计工业废水流量（L/s）；Q_y 为设计雨水流量（L/s）；Q_h 为溢流井以上的旱季污水量（L/s），即生活污水量和工业废水量之和。

生活污水量的总变化系数可采用 1，工业废水量宜采用最大生产班内的平均秒流量计算，当这两部分流量之和小于雨水设计流量的 5％时，这部分流量可不予计入。由于合流制管道中混合雨污水的水质较差，从检查井溢流出街道时所造成的危害和损失会显著增大，对城市环境卫生的影响也将更为严重。因此，为防止和减少溢流的负面影响，应从严控制合流管渠的设计重现期和允许的积水程度。合流制管渠的雨水设计重现期一般应比同一情况下雨水管渠的设计重现期适当提高。

截流式合流制排水系统在截流干管上设置溢流井后，溢流井以下管渠的设计流量为

$$Q' = (n_0 + 1)Q_h + Q'_y + Q'_h \tag{4-11}$$

式中，Q'为溢流井以下管渠的设计流量（L/s）；n_0为截流倍数，即溢流时所截留的雨水量与旱季污水量之比，当上游来的混合雨污水量超过$(n_0 + 1)Q_h$时，超过部分将从溢流井排入水体；Q'_y为截流井以下汇水面积内的设计雨水流量（L/s）；Q'_h为截流井以下的旱季污水流量（L/s）。

截流倍数的确定将直接影响排水工程的规模和环境效益。若截流倍数偏小，混合初期降雨径流的污水将直接排入水体造成环境污染；若截流倍数过大，截流干管和污水处理厂的规模加大，基建投资和运行成本也会相应增加，同时，较大的截流倍数也会造成雨季污水处理厂的进水负荷变化较大，从而增大污水处理厂的运行难度。因此，截流倍数 n_0 应根据旱季污水的水质、水量情况、水体条件、卫生方面的要求以及降雨情况等综合考虑确定。我国一般采用的截流倍数 n_0 为 $1\sim5$。在实际工作中，n_0 值可以根据不同排放条件按表 4-6 选用。

表 4-6　不同排放条件下的截流倍数

Table 4-6　Interception ratio（n_0）under different conditions of discharge

排放条件	n_0
在居住区内排入大河流	$1\sim2$
在居住区内排入小河流	$3\sim5$
在区域泵站和总泵站及排水总管端根据居民区内水体大小	$0.5\sim2$
在处理构筑物前根据处理方法与构筑物的组成	$0.5\sim1$
工厂区	$1\sim3$

参 考 文 献

李树平, 刘遂庆. 2009. 城市排水管渠系统. 北京: 中国建筑工业出版社.

孙慧修, 郝以琼, 龙腾锐. 1999. 排水工程上册（第四版）. 北京: 中国建筑工业出版社.

| 第 5 章 |　城市污水处理系统

Chapter 5　Municipal Wastewater Treatment System

5.1　城市污水处理原理

5.1.1　概述

污（废）水处理的基本方法，就是采用各种技术与手段，将污水中所含的污染物质分离去除、回收利用，或将其转化为无害物质，使水得到净化。

现代污（废）水处理技术，按原理可分为物理处理法、化学处理法和生物处理法三类。

1）物理处理法，利用物理作用分离污水中呈悬浮状态的固体污染物质。方法有：筛滤法、沉淀法、上浮法、气浮法、过滤法和反渗透法等。

2）化学处理法，利用化学反应的作用，分离回收污水中处于各种形态的污染物质（包括悬浮的、溶解的和胶体的物质等）。主要方法有：中和、混凝、电解、氧化还原、汽提、萃取、吸附、离子交换和电渗析等。化学处理法多用于处理生产废水。

3）生物处理法，利用微生物的代谢作用，使污（废）水中呈溶解、胶体状态的有机污染物转化为稳定的无害物质。按微生物对氧气的需求情况不同可分为两大类，即利用好氧微生物作用的好氧法（好氧氧化法）和利用厌氧微生物作用的厌氧法（厌氧还原法）。前者广泛用于处理城市污水及有机性生产废水，主要方法有活性污泥法和生物膜法两种；后者多用于处理高浓度有机污水与污水处理过程中产生的污泥，现在也有研究应用于处理城市污水与低浓度有机污水等。

城市污水与生产废水中的污染物是多种多样的，往往需要采用几种方法的组合，才能去除不同类型和性质的污染物，达到排放标准。

现代污水处理技术，按处理程度划分，可分为一级、二级和三级处理。

1）一级处理，主要去除污水中呈悬浮状态的固体污染物质，物理处理法大部分只能完成一级处理的要求。经过一级处理后的污水，BOD 一般可去除 30% 左右，达不到排放标准。一级处理属于二级处理的预处理。

2）二级处理，主要去除污水中呈胶体和溶解状态的有机污染物质（即 BOD、COD 物质），去除率可达 90% 以上，使有机污染物达到排放标准。

3）三级处理，在一级、二级处理后，进一步处理难降解的有机物以及磷和氮等能够导致水体富营养化的可溶性无机物等。主要方法有生物脱氮除磷法、混凝沉淀法、砂滤法、活性炭吸附法、离子交换法和电渗析法等。某些情况下，三级处理与深度处理具有相同的含义，但两者又不完全相同。三级处理常用于二级处理之后，而深度处理是以污水回收、再利用为目的，或者是在一级或二级处理后增加的处理工艺。污水再利用的范围很广，从工业上的重复利用、水源补给到成为生活杂用水等。

污泥是污水处理过程的产物。城市污水处理产生的污泥含有大量有机物，富有肥分，可以作为农肥使用，但又含有大量细菌、寄生虫卵以及从生产废水中带来的重金属离子等，需要作稳定与无害化处理。污泥处理的主要方法是减量处理（浓缩、脱水等）、稳定处理（如厌氧消化法、好氧消化法等）、综合利用（如消化气利用、污泥农业利用等）、最终处置（如干燥焚烧、填地投海、建筑材料等）。

对于某种污水，具体采用哪几种处理方法组成处理系统，要根据污水的水质、水量以及回收其中有用物质的可能性、经济性、受纳水体的具体条件等，并结合调查研究与经济技术比较后决定，必要时还需进行科学试验。

城市污水处理的典型工艺流程如图 5-1 所示。

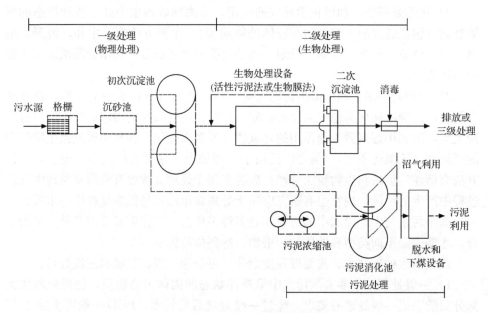

图 5-1　城市污水处理典型流程

Figure 5-1　Typical processes for municipal wastewater treatment

生产废水的处理流程，随工业性质、原料、成品及生产工艺的不同而不同，具体处理方法与工艺流程应根据水质与水量及处理的对象，经调查研究或科学试验后决定。

5.1.2 预处理

城市污水预处理的主要目的是去除水中呈悬浮状态的固体污染物质，降低后续处理单元的处理负荷，减少后续处理设备和管道的磨损。预处理的作用主要是通过栅网拦截、重力沉淀、旋流分离等物理作用去除污水中的悬浮物质。

（1）格栅

格栅由一组平行的金属栅条或筛网制成，安装在污水渠道、泵房集水井的进口处或污水处理厂的前端，用于截留较大的悬浮物或漂浮物，如纤维、碎皮、毛发、木屑、果皮、蔬菜、塑料制品等，以便减轻后续处理构筑物的处理负荷，保证后续处理单元的正常运行。

（2）沉砂池

沉砂池的功能是去除比重较大的无机颗粒（如泥沙、煤渣等，它们的相对密度约为 2.65）。沉砂池一般设于泵站、倒虹管前，以便减轻无机颗粒对水泵、管道的磨损；也可设于初次沉淀池前，以减轻沉淀负荷及改善污泥处理构筑物的处理条件。常用的沉砂池有平流沉砂池、曝气沉砂池、多尔沉砂池和钟式沉砂池等。

（3）初沉池

初沉池的主要作用有以下三方面：一是通过重力沉淀作用，去除污水中可沉淀的有机悬浮物质（SS），一般可去除 $50\%\sim60\%$ 的 SS；二是降低污水的 BOD_5 含量，一般可降低 $25\%\sim35\%$ 的 BOD_5，以减少后续生物处理的负荷；三是起到均和水质的作用。

5.1.3 生物处理

生物处理的主要目的是将可溶性有机污染物（如 BOD）从溶解态转化为细胞生物量形式的悬浮物质，以便在后续的泥水分离（如二次沉淀）中去除。

生物处理按照微生物的附着生长状态不同可分为活性污泥法和生物膜法。活性污泥法中，微生物悬浮生长于水池中；生物膜法中，微生物黏附在载体表面生长。本节主要介绍经典的活性污泥法原理及主要设计参数。

（1）微生物生长动力学

微生物生长周期可分为四个阶段：微生物在开始繁殖之前需要一定的时间来

适应环境，这个阶段称为迟滞期；之后由于食物（养料）过剩，细胞呈指数增长，细胞生长的限制因素是内在的繁殖率，这个阶段称为对数增长期；当食物（养料）慢慢减少，最终受限，生长率等于死亡率时，进入稳定期；最后，食物（养料）被耗尽，细菌开始消耗自身作为食物源（内源生长），这个阶段称为衰亡期（图 5-2）。

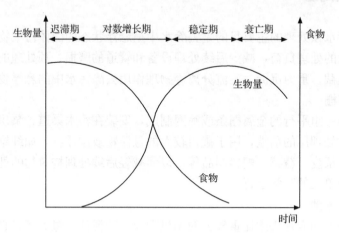

图 5-2　微生物生长周期不同阶段生物量与食物的关系

Figure 5-2　Biomass and food during the different stages of the biological growth cycle

微生物生长速率与生物量以及底物浓度有关。底物是指参与生化反应的物质，可为化学元素、分子或化合物，经酶作用可形成产物。本章中底物等同于食物（养料）或者基质。

在对数增长期，底物浓度较高，微生物的增长率表达式为

$$\frac{\mathrm{d}X_{\mathrm{v}}}{\mathrm{d}t} = \mu X_{\mathrm{v}} \tag{5-1}$$

式中，X_{v} 为生物量浓度（mg/L）；μ 为比生长速率，表示单位生物量的生长率（d^{-1}）。

当底物浓度受限时，比生长率与剩余底物浓度的数学表达式为

$$\mu = \mu_{\mathrm{m}} S/(K_{\mathrm{s}} + S) \tag{5-2}$$

式中，μ_{m} 为最大比生长率（d^{-1}）；S 为底物浓度，BOD 或者 COD（mg/L）；K_{s} 为半饱和常数（mg/L），等于 1/2 最大比生长率时的底物浓度。将式（5-2）代入式（5-1）得到当底物浓度受限时的生物增长率表达式：

$$\frac{\mathrm{d}X_{\mathrm{v}}}{\mathrm{d}t} = \mu_{\mathrm{m}} \frac{XS}{K_{\mathrm{s}} + S} \tag{5-3}$$

实际上，只有部分底物经代谢转变为生物量。定义生长产量 Y 为每利用一单位底物所产生的生物量（俗称产率），表达式变为

$$\frac{\mathrm{d}X_\mathrm{v}}{\mathrm{d}t} = Y\frac{\mathrm{d}S}{\mathrm{d}t} \tag{5-4}$$

将式（5-4）代入式（5-3），整理得到底物浓度受限时的底物利用率公式：

$$\frac{\mathrm{d}S}{\mathrm{d}t} = \frac{\mu_\mathrm{m}}{Y}\frac{X_\mathrm{v}S}{K_\mathrm{s}+S} = k\frac{X_\mathrm{v}S}{K_\mathrm{s}+S} \tag{5-5}$$

式中，k 结合了常数 μ_m 和 Y。

由于微生物内源生长，生物量的减少可表达为

$$\frac{\mathrm{d}X_\mathrm{v}}{\mathrm{d}t} = -k_\mathrm{d}X_\mathrm{v} \tag{5-6}$$

式中，k_d 为生物衰减系数（d^{-1}）。

因此，结合式（5-4）和式（5-6），总的生物量增长公式为

$$\frac{\mathrm{d}X_\mathrm{v}}{\mathrm{d}t} = Y\frac{\mathrm{d}S}{\mathrm{d}t} - k_\mathrm{d}X_\mathrm{v} \tag{5-7}$$

由此，微生物生长动力学可由五个动力学参数表征：Y、k_d、K_s、k 和 μ_m。对于不同废水和基质，这些参数可由实验测得。

(2) 活性污泥反应器设计

活性污泥反应器中通常用污泥浓度作为反映混合液中活性污泥微生物量的指标。常用的指标有 MLSS 和 MLVSS。MLSS 是混合液悬浮固体浓度（mixed liquid suspended solids）的简写，指曝气池内单位容积混合液内所含有的活性污泥固体物的总质量。MLVSS 是混合液挥发性悬浮固体浓度（mixed liquor volatile suspended solids）的简写，它表示混合液活性污泥中有机性固体物质部分的浓度。相比 MLSS，MLVSS 能更加准确地代表生物量浓度，MLVSS 在 MLSS 的基础上去除了构成活性污泥量中的一部分无机物。

在设计中，活性污泥反应器的运行能力取决于一个合适的食物与微生物之比（food-to-microorganism ratio，F/M）。F/M 表示对活性微生物而言基质（或食物）的相对可获性，它按照下式计算：

$$\frac{\mathrm{F}}{\mathrm{M}} = \frac{QS_0}{VX_\mathrm{v}} \tag{5-8}$$

式中，Q 为流量（m^3/d）；S_0 为进口 BOD 浓度（$\mathrm{kg/m}^3$，以 BOD 计）；V 为反应器容积（m^3）；X 为反应器中生物量浓度（$\mathrm{kg/m}^3$，以 MLVSS 计）。F/M 的单位是 kgBOD/（kgMLVSS·d）。

通常 F/M 保持在 $0.2\sim0.5$kgBOD/（kgMLVSS·d），污泥微生物处于轻"饥饿"状态，可以使得代谢物获得较好的沉降特征（图 5-3）。

另外一个关键的设计指标是生物固体平均停留时间 θ_c（常称污泥龄），即曝气池内活性污泥总量（VX_v）与每日排放污泥量之比，数学表达式为

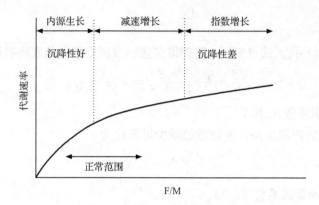

图 5-3　F/M 值与污泥沉降特性的关系

Figure 5-3　Food-to-microorganism ratio vs. sludge settling characteristics

$$\theta_c = \frac{\text{总细胞质量}}{\text{总细胞去除率}} = \frac{X_v \cdot V}{\dfrac{\mathrm{d}X_v}{\mathrm{d}t}} \tag{5-9}$$

污泥龄是活性污泥处理系统设计、运行的重要参数。该参数还能说明活性污泥微生物的状况。世代时间长于污泥龄的微生物在曝气池内不可能繁衍成优势菌种属，如硝化菌在 20℃，其世代时间为 3 天，当 $\theta_c < 3$ 天时，硝化菌就不可能在曝气池内大量增殖，不能成为优势种属，就不能在曝气池内产生消化反应。若污泥停留时间太短，小于微生物世代周期，则该种微生物会逐渐流失。

容易与污泥龄混淆的一个概念是水力停留时间（hydraulic retention time，HRT）。HRT 是指待处理污水在反应器内的平均停留时间，也就是污水与生物反应器内微生物作用的平均反应时间。因此，如果反应器的有效容积为 V（m^3），则 HRT$=V/Q$（h）。一般 θ_c 远大于 HRT。

最常见的活性污泥反应器是传统的推流式反应器，此反应器利用折板延长接触时间并防止水力短流。进口处底物浓度很高，底物利用快，接近出口时产生内源衰亡，污泥沉降性提高。一种传统推流式反应器的改型是减弱曝气式推流反应器（图 5-4），前端供氧比末端多，提高了氧气利用率。

另外一种常见活性污泥反应器是延时曝气反应器，它的水力停留时间和污泥龄都很长，较低的 F/M 值和缓慢流动使微生物保持在衰亡阶段，因此活性污泥沉降性极好。另外，该反应器由于水力停留时间长，所以具有很强的抗冲击负荷能力。该反应器的缺点是体积庞大。有污泥回流的活性污泥处理过程如图 5-5 所示，反应器与二级沉淀池联用，实际应用时可考虑多种改型。

根据生物量的物料守恒，系统的污泥龄可表示为

$$\theta_c = \frac{VX_v}{Q_w X_{vr} + (Q - Q_w) X_{ve}} \tag{5-10}$$

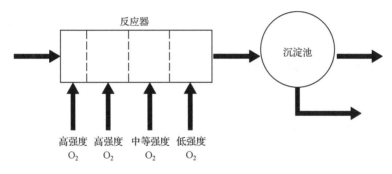

图 5-4　减弱曝气式推流活性污泥反应器

Figure 5-4　A plug flow activated sludge reactor with tapered aeration

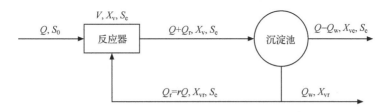

图 5-5　理想活性污泥处理过程

Figure 5-5　Activated sludge process with recycled sludge from secondary clarifier

注：Q、Q_r、Q_w 分别表示进水、回流污泥和剩余污泥的流量；S_0、S_e 分别表示进水和出水中有机底物的浓度；X_v、X_{vr}、X_{ve} 分别表示进水、回流污泥和出水中 MLVSS 浓度；r 为回流比，$r = Q_r/Q$。

结合生物量增长公式（5-7），活性污泥微生物增殖的基本方程式为

$$\frac{\mathrm{d}X_v}{\mathrm{d}t} = Y\frac{\mathrm{d}S}{\mathrm{d}t} - k_d X_v \tag{5-11}$$

则活性污泥微生物每日在曝气池内的净增殖量为

$$\Delta X_v = Y(S_0 - S_e)Q - k_d V X_v \tag{5-12}$$

式中，ΔX_v 为每日增长（排放）的挥发性污泥量（MLVSS）（kg/d）；$(S_0 - S_e)Q$ 为每日的有机污染物降解量（kg/d）；VX_v 为曝气池内混合液中的挥发性固体总量（kg）。

将式（5-12）各项同时除以 $X_v V$，则

$$\frac{\Delta X_v}{X_v V} = Y\frac{(S_0 - S_e)Q}{X_v V} - k_d \tag{5-13}$$

由定义可知，$\Delta X_v/(X_v V)$ 为污泥龄（生物固体平均停留时间）的倒数，因此式（5-13）可改写为

$$\frac{1}{\theta_c} = Y\frac{(S_0 - S_e)Q}{X_v V} - k_d \tag{5-14}$$

注意到 $t = V/Q$，代入式（5-13）并整理得

$$X_v = \frac{Y(S_0 - S_e)\theta_c}{(1 + \theta_c k_d)t} \tag{5-15}$$

在系统中当 $t = \theta_c$ 时，可得

$$X_v = \frac{Y(S_0 - S_e)}{1 + \theta_c k_d} \tag{5-16}$$

而污泥产率 P_x 计算公式为

$$P_x = QX_v = \frac{YQ(S_0 - S_e)}{1 + \theta_c k_d} \tag{5-17}$$

式中，P_x 的单位为 kg/d。

处理过程中必须保证有充足氧气进入混合液体，使溶解氧维持在不低于 1mg/L 的水平。常见的曝气设备有漫射器和机械搅拌器。

活性污泥处理过程的需氧量计算式：

$$O_2 = 1.47Q(S_0 - S_e) - 1.42P_x \tag{5-18}$$

式中，O_2 为需氧量（kg/d）；系数 1.47 为污水中含碳物质以 BOD_5 计算时碳的氧当量；系数 1.42 在理论上是氧化 1g 微生物细胞所需要的氧气质量。

5.1.4 消毒

消毒方法大体上可分为物理方法和化学方法。物理方法主要有加热、冷冻、辐射、紫外线和微波消毒等方法；化学方法是利用各种化学药剂进行消毒，常用的化学消毒剂有多种氧化剂（液氯、臭氧、次氯酸钠和二氧化氯等），实际生产中最常用的还是化学方法。

常用污水消毒的方法为加氯消毒。液氯的价格比较便宜，消毒可靠又有成熟经验，是应用最广的消毒剂。但采用加氯消毒可能引起一些不良的副作用，如废水中含有酚类有机物时，有可能会形成致癌化合物，如氯代酚或氯仿等；此外，水中病毒对氯化消毒也有较大的抗药性。因此，其他废水消毒手段的研究与应用也越来越多，如臭氧、二氧化氯、紫外线消毒等。消毒剂的优缺点与适用条件见表 5-1。

表 5-1 常用消毒比较

Table 5-1 Comparision of common disinfections

名称	优点	缺点	适用条件
液氯	效果可靠，投配设备简单，投量准确，价格便宜	氯化形成的余氯及某些含氯化合物低浓度时对水生生物有毒害；当污水含工业废水比例较大时，氯化可能产生致癌物质	适用于大、中型污水处理厂

名称	优点	缺点	适用条件
臭氧	消毒效率高并能有效地降解污水中残留有机物、色度、味等，污水 pH 与温度对消毒效果影响较小，不产生难处理的或生物积累性残留物	投资大、成本高、设备管理复杂	适用于出水水质较好，排入水体的卫生条件要求高的污水处理厂
二氧化氯	杀菌效果好，无气味，有定型产品	维修管理要求高	中型及小型水处理厂
次氯酸钠	用海水或浓盐水作为原料，产生次氯酸钠，可以在污水处理厂现场产生直接投配，使用方便，投量容易控制	需要有次氯酸钠发生器与投配设备	适用于中小型处理厂
紫外线	是紫外线照射与氯化共同作用的物理化学方法，消毒效率高	紫外线照射灯具表面污垢影响杀菌效果，电耗能量较多	适用于小型污水处理厂

5.1.5 污泥处理

从一级处理和二级处理收集的剩余污泥若不经处理通常带有恶臭而且含有病原体、有毒元素和有毒化合物，因此需要进行合理处理后运送至城市指定地点。

一级处理的剩余污泥含有固体无机物和较大的有机物颗粒。相比二级剩余污泥，一级污泥粒状程度和浓缩程度高。初沉池的一级污泥产量计算式为

$$M_{ps} = \varepsilon \cdot SS \cdot Q \qquad (5\text{-}19)$$

式中，ε 为初沉池的效率；SS 为入口悬浮固体浓度（mg/L）；Q 为污水流量（L/s）。

二级处理剩余污泥主要成分是有机固体，成分比一级污泥复杂。二级污泥产量计算式为

$$M_{ss} = Y_{obs} \cdot L \cdot Q \qquad (5\text{-}20)$$

式中，Y_{obs} 为生物产量观察值，与 F/M 值相关，通常取 $0.2 \sim 0.4$；L 为二级处理去除的 BOD_5 量（mg/L）；Q 为污水流量（L/s）。

污泥处理过程通常包含污泥浓缩、污泥消化、污泥脱水、末端利用或排放等步骤。

厌氧消化是利用兼性厌氧菌和厌氧菌进行厌氧生化反应，分解污泥中有机物质的一种污泥处理工艺。通过该工艺可以产生生物可再生能源甲烷等，并且处理过后的污泥可作为土壤调节剂用于农业生产。

消化涉及利用微生物对剩余污泥进行中温降解。典型的气体产量为 0.6～0.65m³/kg 挥发性固体，其中 65% 为甲烷，35% 为二氧化碳和其他气体。

产生的消化气体用来作为消化池和处理厂加热的能源，多余的气体可以用来发电或直接燃烧。污泥消化池的具体设计及其参数可参考相关专业书籍。

5.2　城市污水处理厂的主要工艺

生物处理是污水处理厂中最核心的工艺，按照微生物营养方式可分为好氧处理和厌氧处理，按照生物固着方式的不同可分为活性污泥法和生物膜法。5.1.3 节介绍的是最典型的活性污泥法，本节介绍其他几种新型污水生物处理工艺，其中 SBR 工艺、A^2/O 工艺、氧化沟工艺属于活性污泥法，生物滤池工艺和接触氧化工艺属于生物膜法。

5.2.1　SBR 工艺

SBR 工艺是指序列间歇式活性污泥法（sequencing batch reactor activated sludge process），近年来已经广泛应用于一些大中型污水处理厂。传统工艺的连续运行方式转化为空间上的变化，污水自然流至每一个处理单元，因而不需要太多的运行操作。而 SBR 工艺按照时间程序，需定时进行开停操作，因而运行操作量较大。但这些操作均为时间程序控制，无控制回路，非常易于实现自控。SBR 具有以下特点。

1）工艺简单，运行维护量小。SBR 系统除预处理外，只有反应池一个处理单元，日常维护管理非常简便。能实现自控，所以操作量小。

2）运行稳定，操作灵活。通过合理调节运行周期及运行程序，极易使运行稳定，并获得高质量的出水。另外，适当改变运行周期及程序，还可较易实现脱氮除磷。

3）投资省，占地少。SBR 工艺中无二沉池及回流污泥系统，很多时候还可不设初沉池，因而基建费用低，占地少。

5.2.2　A^2/O 工艺

A^2/O 工艺（也称 A-A-O 工艺）是指厌氧-缺氧-好氧法（anaerobic-anoxic-oxic）。A^2/O 工艺包含厌氧反应器、缺氧反应器、好氧反应器和沉淀池等（图 5-6）。

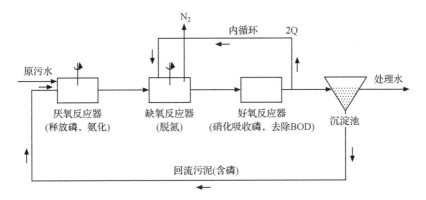

图 5-6 A²/O 工艺流程

Figure 5-6 Anaerobic-Anoxic-Oxic (A²/O) process

各反应器单元有以下功能。

1）厌氧反应器。原污水和从沉淀池排出的含磷回流污水进入厌氧反应器。该反应器的主要功能是释放磷，同时氨化部分有机物。

2）缺氧反应器。污水经过第一厌氧反应器进入缺氧反应器。该反应器的首要功能是脱氮。硝态氮是通过内循环由好氧反应器送来的，循环的混合液量较大，一般为原污水流量的两倍以上。

3）好氧反应器。混合液从缺氧反应器进入好氧反应器（曝气池）。这一反应单元是多功能的，去除 BOD，硝化和吸收磷等项反应都在该反应器内进行。这三项反应都是重要的，混合液中含有氨氮，污泥中含有过剩的磷，而污水中的 BOD（或 COD）则得到去除。混合液从这里回流缺氧反应器。

4）沉淀池。沉淀池的功能是泥水分离，污泥的一部分回流厌氧反应器，上清液作为处理水排放。

5.2.3 氧化沟工艺

氧化沟又称循环曝气池，属活性污泥法的变种。

（1）氧化沟构造

氧化沟一般呈环形沟渠状，平面多为椭圆形，总长可达几十米，甚至百米以上，沟深（取决于曝气装置）一般 2～6m（图 5-7）。单池的进水装置比较简单，只要一根进水管即可。若两池以上平行工作，则应设配水井。若采用交替工作系统，配水井内还要设自动控制装置，以变换水流方向。出水一般采用溢流堰式，宜于采用可升降式，以调节池内水深。采用交替工作系统时，溢流堰应能自动启闭，并与进水装置相呼应以控制水流大小。

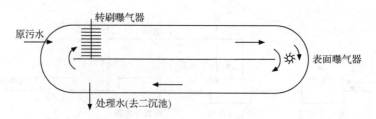

图 5-7 氧化沟平面示意图

Figure 5-7 Schematic plan of oxidation ditch

(2) 水流特征

氧化沟的流态介于完全混合与推流之间。污水在沟内的平均流速为 0.4m/s，当氧化沟总长为 100～500m 时，污水完成一个循环所需时间为 4～20min。可认为在氧化沟内混合液的水质是几近一致的，从这个意义来说，氧化沟内的流态是完全混合式的；但是又具有某些推流式的特征，如在曝气装置的下游，溶解氧浓度从高向低变动，甚至可能出现缺氧段。

氧化沟的这种独特的水流状态，有利于活性污泥的生物聚凝作用，而且可以将其区分为富氧区、缺氧区，给硝化和反硝化反应创造了良好的条件，实现了较好的脱氮效应。

(3) 工艺特征

氧化沟可不设初沉池，有机性悬浮物在氧化沟内能够达到好氧稳定的程度；还可考虑不单设二次沉淀池，使氧化沟与二次沉淀池合建，可省去污泥回流装置。

此外，氧化沟的 BOD 负荷低，同活性污泥法的延时曝气系统类似，这使得氧化沟对水温、水质、水量的变动有较强的适应性；而且系统的污泥龄（生物固体平均停留时间），一般可达 15～30 天，为传统活性污泥的 3～6 倍，可以存活、繁殖世代时间长、增殖速度慢的微生物，如硝化菌，在氧化沟内可能产生硝化反应。如运行得当，氧化沟能够具有反硝化脱氮的效应。

5.2.4 生物滤池工艺

生物滤池法是以土壤自净原理为依据，在污水灌溉的实践基础上，经较原始的间歇砂滤池和接触滤池而发展起来的人工生物处理技术。生物滤池是由碎石或塑料制品填料构成的生物处理构筑物，污水与填料表面上生长的微生物膜间隙接触，使污水得到净化。

生物滤池由滤料、池体、通风系统、排泥系统、布水系统等构成。该工艺具有以下特点：

1）处理效果好，BOD$_5$的去除率可达95％以上。

2）微生物能够依靠填料中的有机质生长，无须另外投加营养剂。停工后再使用启动速度快。

3）生物滤池缓冲容量大，能自动调节浓度高峰使微生物始终正常工作，耐冲击负荷能力强。

4）采用全自动控制，运行稳定，易损部件少，维护管理简单，基本实现无人管理，工人只需巡视是否有机器发生故障。

5）池体采用组装式，便于运输和安装；在增加处理容量时只需添加组件，易于实施。

6）能耗较低。

5.2.5　生物接触氧化工艺

生物接触氧化处理的过程为：在池内充填填料，已经充氧的污水浸没全部填料，并以一定的流速流经填料，由于填料上布满生物膜，流经填料的污水可以与生物膜广泛接触，在生物膜上微生物新陈代谢功能的作用下，污水中有机污染物得到去除，污水得到净化。因此，生物接触氧化处理技术，又称为"淹没式生物滤池"。生物接触氧化处理技术的主要特征如下。

（1）工艺特征

该工艺使用多种形式的填料，由于曝气，在池内形成液、固、气三相共存体系，有利于氧的转移，溶解氧充沛，适于微生物存活增殖。在生物膜上的微生物是丰富的，除细菌和多种种属原生动物和后生动物外，还能够生长氧化能力较强的球衣菌属的丝状菌，而无污泥膨胀之虑。在生物膜上能够形成稳定的生态系统与食物链。

填料表面全为生物膜所布满，形成了生物膜的主体结构，由于丝状菌的大量孳生，有可能形成一个呈立体结构的密集的生物网，污水在其中通过起到类似"过滤"的作用，能够有效地提高净化效果。

由于进行曝气，生物膜表面不断地接受曝气吹脱，这样有利于保持生物膜的活性，抑制厌氧膜的增殖，也易于提高氧的利用率，因此，能够保持较高浓度的活性生物量，生物接触氧化技术能够接受较高的有机负荷率，处理效率高，有利于缩小池容，减少占地面积。

（2）运行特征

该工艺对冲击负荷有较强的适应能力，在间歇运行条件下，仍能够保持良好的处理效果，对排水不均匀企业，更具有实际意义。

此外，该工艺操作简单、运行方便、易于维护管理，无需污泥回流，不产生污泥膨胀现象，也不产生滤池蝇。

5.3 城市污水处理厂运行分析

5.3.1 能耗分析与影响因素

城市污水处理厂的能耗包括直接能耗和间接能耗。直接能耗包括污水提升泵、曝气系统、污泥回流、污泥脱水等的电耗以及污泥消化耗热能等；间接能耗包括絮凝剂、外加碳源、加氯等一系列外加耗材。污水处理厂的电耗占总能耗的60%～90%，因此污水处理厂能耗水平常以电耗指标来表示。其中污水提升及预处理（主要为污水提升）占10%～25%，污水二级生物处理（主要用于曝气供氧）占50%～70%，污泥处理占10%～25%，三者能耗之和占直接总能耗的70%以上（梅小乐和周燕，2011）。

系统能耗的影响因素主要包括处理工艺类型、处理规模、水泵运行方式、曝气方式和自然条件等。

(1) 处理工艺类型

我国污水处理厂采用的处理工艺以 SBR 及其变形、氧化沟、A^2/O 及变形等为主，通过对全国 103 座 SBR、170 座氧化沟、87 座 A^2/O 污水处理厂调研数据的分析，得出 SBR、氧化沟和 A^2/O 处理工艺的平均能耗水平分别为0.336kW·h/m^3、0.302kW·h/m^3 和 0.267kW·h/m^3（朱五星和舒锦琼，2005）。

A^2/O 工艺的能耗水平略低于其他处理工艺，这也是其成为我国污水处理主导工艺的重要原因之一。该分析结果反映了三种工艺能耗的平均水平，并没有考虑处理规模、原水水质对能耗水平的影响。

(2) 处理规模

通过对欧洲和我国污水处理厂的调研分析表明（表 5-2），随着处理规模的增大，单位污水处理平均能耗水平相对较低，存在一定的规模效应；在高处理规模条件下，国内外污水处理厂能耗水平相当，但在低处理规模条件下，欧洲能耗水平平均值低于国内，这可能是由于设计规模与实际处理规模的差距以及相关能耗设备型式等原因所造成的（梅小乐和周燕，2011）。

表 5-2 不同处理规模污水处理厂的平均能耗水平

Table 5-2 Average energy consumption of wastewater treatment plants with different scales

处理规模 (m³/d)	欧洲能耗水平		中国能耗水平	
	(kW·h)/m³	(kW·h)/kg COD*	(kW·h)/m³	(kW·h)/kg COD*
<140	0.52	1.81	0.80	4
140~700	0.35	1.11	0.62	3.1
700~1 400	0.32	0.92	0.55	2.75
1 400~14 000	0.30	0.99	0.36	1.8
>14 000	0.28	0.89	0.30	1.5

* 指去除每千克/COD 的能耗。

(3) 水泵运行方式

污水提升泵站是污水处理厂的能耗大户之一，其电耗约占全厂电耗的37%~39%，因此泵站的节能对降低污水处理厂的能耗具有重要意义。提升泵节能应首先进行节能设计；对于已投产的污水处理厂，提升泵节能的关键在于运行方式。目前较为常用且效果较好的节能运行技术有流量调节技术（变频调速技术等）、水泵优化组合技术等。

通过调研数据的分析得出，多台水泵对位控制没有节能效果；变频调速技术比传统运行技术节能 40% 左右；水泵优化组合技术比传统运行技术节能 30% 左右。

(4) 曝气方式

对于活性污泥法污水处理厂，曝气系统电耗为全厂电耗的 40%~50%，是节能重点。鼓风曝气系统最根本的节能措施就是减小风量，而减小风量必须提高扩散装置的效率，降低污泥对氧的需求。表 5-3 为污水处理厂采用不同曝气方式的节能效果（梅小乐和周燕，2011）。

表 5-3 不同曝气方式的充氧效率

Table 5-3 Aeration efficiency of various aerated methods

类型	形式	充氧效率 [kg O₂/(kW·h)]	备注
曝气方式	机械曝气	0.7~1.4	表面曝气
	鼓风曝气	0.3~1.4	水下曝气
鼓风曝气扩散器类型	穿孔管曝气	1.0	气泡直径 15mm 左右
	微孔曝气	1.4	气泡直径<0.1mm
曝气器布置形式	单边曝气	1.05	传统曝气形式
	全面曝气（间距 6.1m）	1.57	
	中心曝气	1.33	
	全面曝气（间距 3.05m）	1.82	

工程和试验研究结果表明,采用微孔全面曝气系统的污水处理厂可达到较高的充氧效率,节能效果显著,其充氧效率最高可达 $3kg\ O_2/(kW \cdot h)$。

(5) 自然条件

根据文献报道,污水处理厂所处地理分区对节能水平的影响见表 5-4(梅小乐和周燕,2011)。

表 5-4　不同地区污水处理厂能耗水平

Table 5-4　Energy consumption of wastewater treatment plants in different districts

地理分区	能耗指标	
	$(kW \cdot h)/m^3$	$(kW \cdot h)/kg\ COD^*$
西北	0.369	1.85
东北	0.315	1.58
华北	0.285	1.43
西南	0.275	1.38
华中	0.239	1.20
华东	0.220	1.10
华南	0.194	0.97

*指去除每千克 COD 的能耗。

表 5-4 数据显示,气温低、降水量少的地区其污水处理能耗高,而总体能耗、电耗水平低的地区其污水处理的能耗也较低。

5.3.2　物耗分析与影响因素

关于污水处理厂物耗分析的国内资料不多,本节以河南省 129 座城市污水处理厂物耗统计分析为例加以介绍(高建磊等,2009)。

河南省城市污水处理厂平均絮凝剂消耗量为 $1.072g/m^3$,平均单位干污泥的絮凝剂投加量为 $5.387g/kg$。影响污泥絮凝剂耗量的因素主要有处理规模、处理工艺和 SS 去除量等。按照处理规模和处理工艺对污水处理厂进行分类,比较其吨水平均药耗,不同规模污水处理厂的吨水平均药耗存在显著差异(图 5-8),而不同处理工艺对吨水药耗影响比较小(图 5-9)。

规模较大的污水处理厂并没有形成规模效应,吨水平均药耗反而较高,分析其主要原因如下。

1) 小型污水处理厂大多采用的是氧化沟工艺,属延时曝气系统,剩余污泥产生量本来就少,因此其絮凝剂耗量也较低。

2) 小型污水处理厂污泥脱水多采用带式脱水机,与大中型污水处理厂常用

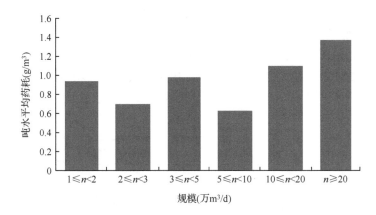

图 5-8　河南省不同处理规模污水处理厂的物耗

Figure 5-8　Chemical agent consumption of wastewater treatment plants
with different scales in Henan Province

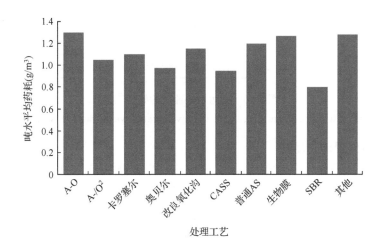

图 5-9　河南省不同处理工艺污水处理厂的物耗统计

Figure 5-9　Chemical agent consumption of wastewater treatment works
with different technics in Henan Province

的离心脱水机相比，所需絮凝剂量也相对较少。

5.3.3　案例分析

目前国内污水处理行业对于污水处理厂能耗的调查分析还非常有限，通过对北京市某污水处理厂全流程的能耗调查，分析污水处理系统各处理单元的能耗分布情况及各处理单元设备的节能潜力，提出相应的节能途径及方案，对污水处理厂节能降耗具有一定的指导意义（常江等，2011）。

(1) 处理厂基本情况

某污水处理厂规模为 60 万 m³/d，采用 A²/O 处理工艺，污泥处理采用厌氧消化方式，处理出水经加氯消毒后排放。出水水质达到《城镇污水处理厂污染物排放标准（GB18918—2002）》的一级 B 排放标准，污水处理工艺流程如图 5-10 所示。

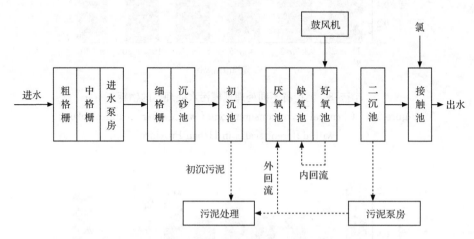

图 5-10　某污水处理厂的处理工艺

Figure 5-10　Treatment process of the investigated wastewater treatment plant

(2) 预处理单元能耗

预处理单元各设备能耗分布见表 5-5，可知进水泵占预处理单元能耗的 94.91%，占全厂总电耗的 19.48%，是预处理单元最大的耗能设备。

表 5-5　预处理单元各设备能耗分布

Table 5-5　Energy consumption of preliminary treatment

项目	装机功率（kW）	耗电量[(kW·h)/d]	占预处理比例（%）	占总电耗的比例（%）
粗格栅	5.5	60	0.14	0.03
中格栅	8.8	211	0.51	0.10
细格栅	16.4	393	0.94	0.19
进水泵	1 650	39 600	94.91	19.48
旋流沉砂池	30.2	724	1.74	0.36
初沉池刮泥机	20.56	446	1.07	0.22
初沉污泥泵	12	288	0.69	0.14

（3）二级处理单元能耗

二级处理单元的能耗主要集中在鼓风机、搅拌器和内外回流泵上（表 5-6），鼓风机占二级处理单元电耗的 75.13％，占总运行电耗的 51.81％，是全厂最大的耗能处理单元。

表 5-6　二级处理单元各设备能耗分布

Table 5-6　Energy consumption of secondary treatment

项目	装机功率 （kW）	耗电量 [（kW·h）/d]	占二级处理电耗 比例（％）	占总电耗的 比例（％）
搅拌器	796	19 104	13.63	9.40
内回流污泥泵	160	3 840	2.74	1.89
外回流污泥泵	432	10 368	7.39	5.10
剩余污泥泵	24	576	0.41	0.28
鼓风机	4 389	105 336	75.13	51.81
二沉池刮泥机	41.12	89 216	0.64	0.44
加药泵	3.7	89	0.06	0.04

曝气系统对于整个污水生物处理系统非常重要，直接关系到曝气池中的溶解氧浓度以及污水的处理效果。

（4）污泥处理单元能耗

污泥处理单元各设备能耗分布见表 5-7。

表 5-7　污泥处理单元各设备能耗分布

Table 5-7　Energy consumption of activated sludge treatment

项目	装机功率 （kW）	耗电量 [（kW·h）/d]	占污泥处理电耗 比例（％）	占总电耗的 比例（％）
污泥浓缩机	71.28	1 711	12.65	0.84
污泥进泥泵	414.5	8 460	62.56	4.16
絮凝剂制备装置	16.8	403	2.98	0.20
加药泵	8.8	176	1.30	0.09
带式脱水机	24	384	2.84	0.19
冲洗水泵	44	704	5.21	0.35
无轴螺旋输送器	70.2	1 685	12.46	0.83

污泥处理单元的能耗主要集中在污泥进泥泵和污泥浓缩脱水机上，污泥进泥泵占污泥处理单元电耗的 62.56％，占总运行电耗的 4.16％。

(5) 各单元能耗分布

对样本污水处理厂各单元能耗进行分析。结果表明，二级处理单元能耗最大，占整个污水处理厂总能耗的 68.96%；其次是预处理单元，能耗占总能耗的 20.52%；污泥处理单元与锅炉、照明等其他部分所占总能耗的比例分别为 6.66%和 3.86%。

参 考 文 献

常江，杨岸明，甘一萍，等. 2011. 城市污水处理厂能耗分析及节能途径. 中国给水排水，04：33-36.

高建磊，闫恰新，吴建平，等. 2009. 河南省城市污水处理厂能耗物耗统计与影响因素分析//全国给水排水技术信息网. 全国给水排水技术信息网 2009 年年会论文集：74-79.

梅小乐，周燕. 2011. 城市污水处理厂节能水平评估标准探讨. 给水排水，03：45-49.

孟春霖，常江，张树军，等. 2010. 城市污水厂能耗分布及消化液单独处理技术初探//中国环境科学学会. 中国环境科学学会学术年会论文集（第一卷）：北京：环境科学出版社：456-459.

张自杰，林荣忱. 2000. 排水工程下册（第四版）. 北京：中国建筑工业出版社.

朱五星，舒锦琼. 2005. 城市污水处理厂能量优化策略研究. 给水排水，31（12）：31-33.

第6章 | 水系统碳排放基本原理

Chapter 6　Principles of Carbon Emissions in Water System

6.1　水系统碳排放的类型

6.1.1　按排放方式分类

(1) 直接排放

直接排放是指水系统通过生物化学作用直接向大气排放温室气体，如 CO_2、CH_4 和 N_2O 等。

CO_2 的直接排放主要来源于分解过程及燃烧过程。在污水处理厂的曝气池内，有机物在功能微生物好氧菌的作用下会分解产生 CO_2；污水处理厂沼气利用系统中的沼气燃烧、污泥焚烧炉的有机物焚烧，以及汽车运输材料时燃油消耗过程等也会产生 CO_2。表 6-1 列出了主要能源燃烧的碳排放系数。值得注意的是，目前在国际上的碳减排实践中，生物分解产生的 CO_2 归为生源碳（bio-genic carbon），沼气和污泥归为生物燃料或可再生能源，生物分解、沼气或污泥燃烧产生的 CO_2 不需纳入碳排放的计算与平衡；而当污泥焚烧不能实现热平衡，消耗外加化石燃料排放的 CO_2 则需计入碳排放。

表 6-1　能源燃烧的碳排放系数

Table 6-1　Carbon emissions coefficient of energy combustion

能源种类	碳排放系数	能源种类	碳排放系数
原煤	0.560	柴油	0.832
洗精煤	0.680	焦炉煤气	0.217
焦炭	0.830	汽油	0.861
原油	0.920	煤油	0.814
天然气	0.611	燃料油	0.845

注：天然气碳排放系数单位为 kg/m^3，其余能源碳排放系数单位为 kg/kg。

CH_4 的排放主要来自有机物的厌氧分解。厌氧分解主要发生在污泥填埋场、化粪池、厌氧水解池、管理不善的初沉池、曝气池和堆肥场等。部分 CH_4 的排放来自污泥焚烧。另外，污泥处理处置过程中的逸出、沼气系统的泄露及不完全

燃烧也都可能导致 CH_4 的排放。

N_2O 的排放主要源于氮素的生物转化过程。废水生物脱氮过程中氮元素在各种生物酶的作用下存在形态发生一系列变化，形成各种中间产物，其中 NO_x（NO/NO_2）和 N_2O 是常见的中间产物，在生物氮转化过程中广泛存在。另外，污泥填埋、土地利用、生物堆肥以及沼气燃烧等过程也存在 N_2O 排放。

不同温室气体的温室效应不同。为便于统计和对比，一般将不同温室气体换算成 CO_2e 或者全球变暖趋势（global warming potential，GWP）。GWP 是一种物质产生温室效应的一个指数，或称 CO_2 排放系数。GWP 是在一百年的时间框架内，各种温室气体的温室效应对应于相同效应的 CO_2 的质量。根据政府间气候变化专门委员会（Intergovernmental Panel on Climate Change，IPCC）提供的资料，CO_2 的 GWP 为 1，CH_4 为 21，而 N_2O 为 310。这表明，一百年里，等量的 CO_2 和 CH_4，后者对温度的影响是前者的 21 倍。

（2）间接排放

城市水系统在建设和运行过程中需要消耗能量和物料，生产这些能量和物料的过程中发生的碳排放为间接排放。根据消耗的类型，间接排放又可细分为能耗间接排放及物耗间接排放。

城市水系统主要消耗电能。研究表明，发电技术不同，电能的碳排放也不同，表 6-2 给出了我国常见发电技术的碳排放估值（宋海涛等，2011）。它们都属于二级能源，需要利用一级能源开采及加工处理，其过程会产生温室气体。

表 6-2　发电技术碳排放估计值

Table 6-2　Estimated carbon emission of electrical power generation

能源技术	碳排放估计值 $[g/(kW \cdot h)]$
风能	10~15
太阳能热电站	10~15
太阳能光伏电站	30~40
重油电站	700 以上
火电站	950 以上

城市水系统所需的物料主要包括水系统建设用材和水/污水处理过程消耗的各种无机或有机化学药剂等。这些物料的生产过程会排放温室气体。常见的建材及药剂的碳排放系数见表 6-3（Janse and Wiers，2006）。

表6-3　常见建材及药物碳排放系数

Table 6-3　Carbon emission coefficient of common building materials and chemical agents

	名称	排放强度	单位
原材料生产	石料	1.4×10^{-3}	kg CO_2e/kg
	天然石砂开采	7.3×10^{-5}	kg CO_2e/kg
	水泥	0.806	kg CO_2e/kg
	水泥混凝土	328	kg CO_2e/m³
	钢材	2.2	kg CO_2e/kg
	木材	0.2	kg CO_2e/kg
	聚乙烯塑料	1.1	kg CO_2e/kg
饮用水消毒	NaOH	0.96	kg CO_2e/kg
	$FeCl_3$	1.15	
	$FeSO_4$	0.11	
	HCl	0.35	
	再生活性炭	2.8	
污水处理	$FeCl_3$、$FeSO_4$、$AlClSO_4$（污水处理部分）	1.13	kg CO_2e/kg
	$FeCl_3$、$FeSO_4$、$AlClSO_4$（污泥处理部分）	1.13	
	聚合电解质	1.15	
	化工污泥处理	0.037	

6.1.2　按水资源开发利用过程划分

按照水资源的开发利用过程（图6-1），可将城市水系统碳排放分成以下几类：水源开采与水输送、水处理、配水、终端用水、排水、污水处理及再生水分配。

水源开采主要通过水泵等电力设施从河流、湖泊、水库和地下水等水源取水；水处理过程有能源和药剂的消耗；输水和配水过程需要通过水泵提升水头或增压，以将水资源输送至水厂或终端用户；终端用水单元的加热、冷却、存储或者净化等活动会消耗一些能量；在污水处理厂，污水经过沉淀、过滤、生化处理等，需要消耗电能、化学药剂等；排水系统是防治城市洪涝灾害的基础设施，排涝活动也需要消耗能源；污水经过深度处理可以成为再生水，为城市提供了稳定的水源，但这个过程也要消耗能源并产生碳排放。

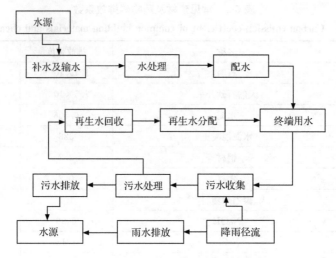

图 6-1 城市水资源开发利用过程

Figure 6-1 Processes of urban water resource development and utilization

6.1.3 基于水系统活动划分

城市水系统的活动可分为材料生产、材料运输、设备运行、能源生产四类。与水资源开发利用过程划分不同的是，这些活动是水系统各环节建设、运行和维护阶段最基础的活动，是更为细致的一类划分方法。

（1）材料生产

城市水系统由水源取水设施、给水处理设施、供水管网、终端用水单元、排水管网、污水处理设施等组成，这些设施的建设需要消耗大量的材料，如钢筋、水泥、沙石等建筑耗材，以及水泵、管材、仪表等设备；水处理和污水处理系统还需要额外投放相关化学药剂。这些建筑材料、设备和药剂的生产过程均会产生碳排放。

（2）材料运输

随着经济社会的发展，对交通运输的需求越来越旺盛，因交通需求而导致的石油消耗也占据越来越大的比重。上述原材料生产后都需经由海、陆、空三种运输方式的任一种或多种到达市场或建筑工地，运输过程中会产生相应的碳排放。例如，1993～2003 年全球 CO_2 排放总量增加 13%，而源自交通工具的碳排放增长率高达 25%。

（3）设备运行

城市水系统建设阶段各种机械设备的运行、运行阶段给水/排水设施中的水泵机组、污水处理厂的污水提升泵和鼓风机等都会有能源消耗。若这些活动消耗的是化石能源，那么能源消耗过程会产生直接碳排放。此外，在污水处理过程中，生化反应也会产生直接的温室气体排放。

（4）能源生产

如（2）和（3）所述，城市水系统的材料运输及设备运行活动中会使用各种能源，如电能、热能、生物能、化学能和燃料能等。其中，天然气、煤、石油、太阳能等属于一级能源，而二级能源如电能，是需要依靠一级能源的能量间接制取。生产这些能源过程中也会产生大量温室气体。

此外，水系统的碳排放还可以按系统的建设、运行、维护、废弃等生命周期各阶段进行划分。这部分将在第8~11章中论述。

6.2 水系统温室气体释放原理

水系统温室气体的直接排放主要涉及污水输送、污水处理与污泥处理过程发生的一系列化学反应。温室气体在污水处理厂的排放过程复杂多样，并受多种因素影响。

（1）CO_2 及 CH_4 的释放原理

生物处理是污水处理中应用最广泛的方法之一。它主要借助微生物的分解作用把污水中的有机物转化为简单的无机物，使污水得到净化。按对 O_2 需求情况可分为厌氧生物处理和好氧生物处理两大类。厌氧生物处理是指在厌氧条件下，多种（厌氧或兼性）微生物共同作用，将污水中的有机物分解并产生 CH_4 和 CO_2 的过程，如厌氧塘、化粪池、污泥的厌氧消化和厌氧生物反应器等。好氧生物处理是指采用机械曝气或自然曝气（如藻类光合作用产氧等）为污水中的好氧微生物提供活动能源，促进好氧微生物的分解活动，使污水得到净化，如活性污泥法、生物滤池、生物转盘、污水灌溉、氧化塘等。在污水处理中，CH_4 主要来自厌氧生物处理工艺，而 CO_2 主要来自好氧活性污泥去污工艺。

厌氧生物处理过程可采用"四阶段理论"或 Bryant 提出的"三阶段理论"等理论来描述。根据 Bryant 的三阶段理论（图6-2），厌氧生物处理主要分为以下三个阶段：①水解、发酵阶段，主要功能是水解和酸化，主要产物是脂肪酸、醇类；②产氢产乙酸阶段，产氢产乙酸菌，将丙酸、丁酸等脂肪酸和乙醇等转化为乙酸、H_2 和 CO_2；③产 CH_4 阶段，产 CH_4 菌利用乙酸和 H_2、CO_2 产生 CH_4。四阶段理论实际上是在上述三阶段理论的基础上，增加了一类细菌——同型产乙酸菌，其主要功能是将产氢产乙酸细菌产生的 H_2 和 CO_2 合成为乙酸。

产 CH_4 反应阶段是污水厌氧处理过程的控制阶段。影响产 CH_4 菌的影响因素有温度、pH、氧化还原电位（ORP）、营养物质、有机负荷率（F/M 比）、有毒物质等。

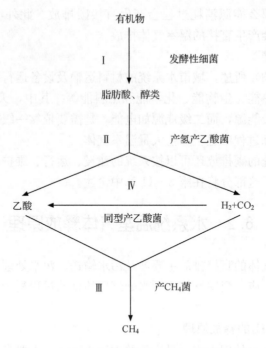

图 6-2　厌氧反应的三阶段理论和四阶段理论

Figure 6-2　Three stages theory and four stages theory of anaerobic reaction

注：Ⅰ、Ⅱ、Ⅲ为三阶段理论，Ⅰ、Ⅱ、Ⅲ、Ⅳ为四阶段理论；所产生的细胞物质未标示在图中。

　　好氧活性污泥法是污水处理厂里最成熟稳定而且最常用的工艺，其利用好氧微生物的代谢作用把有机物转化为CO_2和水，同时实现了细胞增殖。尽管活性污泥法能有效地去除废水中的有机物，但是其产生的CO_2随曝气气流进入大气，成为温室气体的重要来源之一。图 6-3 为活性污泥法的反应机理。

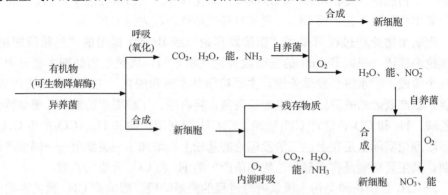

图 6-3　活性污泥法的反应机理

Figure 6-3　Reaction mechanism of activated sludge process

(2) N_2O 的释放原理

N_2O 和 NO_x 是废水生物脱氮处理中常见的中间产物，长期以来传统硝化和反硝化被认为是其主要来源。目前有研究发现，更多的生物氮转化代谢途径，如厌氧氨氧化、化学反硝化等过程也会产生 N_2O 和/或 NO_x。若控制不当，这些气体会更多地向外界释放，造成二次污染。

硝化反应是 NH_4^+ 在好氧条件下被氧化成 NO_3^- 的过程，包括亚硝化和硝化两步，通常由自养或混合营养型微生物完成。反硝化是在缺氧条件下 NO_3^- 向 N_2 的还原，功能微生物是异养菌。硝化和反硝化的一般过程如图 6-4 所示。

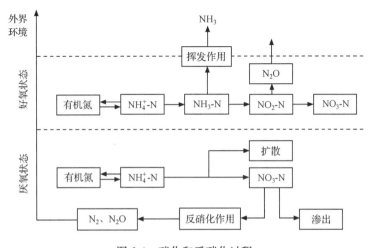

图 6-4　硝化和反硝化过程

Figure 6-4　Nitrification and denitrification processes

从反应条件看，反硝化过程中的 N_2O 在低溶解氧浓度下会取代 N_2 成为反硝化最终产物。N_2O 还原酶是反硝化中对缺氧最为敏感的酶，并最终导致 N_2O 积累。pH 是影响硝化作用和反硝化作用的另一重要因素，它直接影响到亚硝酸细菌和硝酸细菌的活性。对于反硝化细菌来说，最适合的 pH 为 7.0～7.5；当 pH 处于 5～6 时，N_2O 的产生量最大；而 pH 高于 6.8 时，基本无 N_2O 产生。碱度过高会在一定程度上有利于抑制反硝化过程中 N_2O 的产生量，反硝化终产物为 N_2O 时碱度消耗量为终产物为 N_2 时的 0.64 倍。此外，从化学的反应过程来看，作为反应物的 NO_2^--N 过高时，氨氧化菌将部分 NO_2^--N 转化为 N_2O，从而导致 N_2O 的增加。而 NO_3^- 的利用率若较低，则会降低反硝化效率，N_2O 排放量也会增大。

6.3 水系统能耗原理

水行业为能源密集型行业，而能耗与碳排放量有着直接关系，掌握城市水系统能耗的原理有助于实现在水行业的节能减排。本节将从城市水系统耗能的途径出发，选取城市水系统中广泛应用的大耗能设备，分析其耗能原理。

6.3.1 水泵

水泵是给水排水工程不可缺少的设备。城市的水源水（天然水体）需要通过取水泵站、送水泵站以及加压泵站的连续工作（增压），才能够被输送到水厂和各个用水终端。对于城市中排泄的生活污水和工业废水，经排水管渠系统汇集后，也必须由中途提升泵站、总提升泵站将污水抽送至污水处理厂，经过处理后的污水再由另一个排水泵站（或用重力自流）排放入江河湖海中，或者排入农田作灌溉之用。

按照泵的作用原理，可以将泵分为叶片式（包括离心式、轴流式、混流式）、容积式和其他类型。各类型泵的适用范围不尽相同。一般而言，在城镇及工业企业的给排水工程中，大量普遍使用的水泵是离心式和轴流式两种。叶片泵的能耗与流量（抽水量）、扬程、轴功率、效率有关，其电耗计算公式如下：

$$W = \frac{\rho g Q H}{1000 \eta_1 \eta_2} t \tag{6-1}$$

式中，W 为水泵的电耗（kW·h）；ρ 为水的密度（kg/m³）；g 为重力加速度（m/s²）；Q 为流量（m³/s）；t 为水泵运行的小时数（h）；η_1 和 η_2 分别为水泵和电动机的效率；H 为扬程（m）。

6.3.2 鼓风机

在污水处理厂中，鼓风机主要用于生物处理的供氧，是污水处理厂耗能的最大设备之一。鼓风机的类型主要有离心风机、罗茨风机和泵型叶轮机等，它们具有相似的工作原理：原动机通过轴驱动叶轮高速旋转，气流由轴向进口进入高速旋转的叶轮后变成径向流动被加速，然后进入扩压腔，改变流动方向而减速，这种减速作用将高速旋转气流的动能转化为压能（势能），使风机出口保持稳定压力。空气在经过鼓风机加压过程中，与水泵情况类似，也会消耗能量。鼓风机的功率既与鼓风机、电机的效率有关，也与气体密度、入口气温、过滤器压降、出口压力等多个因素有关。

在曝气池的鼓风曝气系统，鼓风机消耗功率的计算公式如下：

$$P_w = K_0 G_s \left[\left(\frac{10.43 + H_1 + H_2}{10.13 - \Delta p_0} \right)^{0.2857} - 1 \right] \tag{6-2}$$

式中，P_w 为鼓风机消耗功率（kW）；K_0 为常数，与鼓风机的效率及电机的效率、气体密度和入口气温有关；G_s 为标准状态下输送的空气量（m^3/s）；H_1 为曝气池内曝气器安装后曝气盘上方水深（m）；H_2 为曝气头阻力降，一般用水头损失表示（m）；Δp_0 为进口过滤器降压（m）；10.13 为以水柱表示的大气压（m）；10.43 为大气压加上富裕压头（0.3）（m）。

6.3.3 搅拌机

搅拌机主要用于污水处理厂生物处理的推动混合作用，与鼓风机一样，也是污水处理厂的高耗能装置。搅拌机的功率分为启动功率和运转功率。运转功率是指工作室桨叶克服液体摩擦阻力所需的功率；启动功率是指启动时克服液体惯性阻力所需的功率，又称惯性功率。

以平桨式为例，其运转功率可表示为

$$P_Z = \zeta_m \rho n^3 d_j^5 \tag{6-3}$$

式中，P_Z 为转动功率（kW）；ζ_m 为常数项；ρ 为液体密度（g/m^3）；n 为桨叶转速（r/min）；d_j 为桨叶直径（mm）。

启动功率 P_G（kW）可表示为

$$P_G = 1.93 b \rho n^3 d_j^4 \tag{6-4}$$

式中，b 为桨叶宽度（mm）。令 $b/d_j = a$，即 $b = a d_j$，则

$$P_G = 1.93 a \rho n^3 d_j^5 \tag{6-5}$$

令 $k = 1.93a$，为常数项，得

$$P_G = k \rho n^3 d_j^5 \tag{6-6}$$

则总功率 P_W（kW）可表示为

$$P_W = P_Z + P_G = (\zeta_m + k) \rho n^3 d_j^5 \tag{6-7}$$

一般，建议用下面数值对总功率进行调整：当负荷功率>1kW 时，$P_{实} = (1.1 \sim 1.2) P_W$；当负荷功率≥0.1kW 时，$P_{实} = (1 \sim 4) P_W$；当负荷功率<0.1kW时，$P_{实} = 10 P_W$。如若只对功率作粗略估算，则 P_W 也可写成以下形式：

$$P_W = (2 \sim 3) P_Z \tag{6-8}$$

6.3.4 污泥消化池能耗

污泥消化池是污水处理厂中不可缺少的基础设施。它用来处理从污水中沉淀

下来的污泥，产出沼气和无污染的泥饼。消化池消耗的能量为新鲜污泥的加热、消化池壳体的散热和管道部分的散热三部分的总和。

新鲜污泥的加热量可采用以下公式：

$$Q_1 = \frac{V}{24}(t_1 - t_0)C \tag{6-9}$$

式中，Q_1 为新鲜污泥的加热量（kJ/h）；V 为新鲜污泥的体积（m^3/d）；t_1 为消化温度（℃）；t_0 为新鲜污泥温度（℃）；C 为污泥的热容量（比热），为 4.18×10^3 [kJ/($m^3 \cdot$ ℃)]。

壳体散热量计算公式如下：

$$Q_2 = Fk(t_1 - t_2) \tag{6-10}$$

式中，F 为消化池壳体总面积（m^2）；t_2 为消化池的环境温度（℃）；k 为传热系数 [kJ/($m^2 \cdot$ ℃)]，一般可取 1.67~2.51。

输泥管道的散热计算较复杂，且散热小，故一般管道的散热量可以用 Q_1 与 Q_2 之和的 10% 计入，如式（6-11）：

$$Q_3 = 0.1(Q_1 + Q_2) \tag{6-11}$$

6.3.5 建筑集中热水供应系统耗热量

在城市水系统中，时常需要在用户端对水加热，如供暖设备、洗浴设备等。这些加热设备经常运行，它们的碳排放不可忽略。

建筑终端用水的加热过程的耗热量可按式（6-12）计算：

$$Q = CQ_h(t_r - t_L) \tag{6-12}$$

式中，Q 为设计小时耗热量（kJ/h）；C 为水的比热，为 4.187 [kJ/(kg · ℃)]；Q_h 为设计小时热水用量（kg/h）；t_r 为热水温度（℃）；t_L 为冷水温度（℃）。

参 考 文 献

宋海涛，瞿慧红，张泽民，等. 2011. 从生命周期角度分析核电产生的碳排放//中国核学会. 中国核科学技术进展报告（第二卷）——中国核学会 2011 年学术年会论文集第 10 册（核情报（含计算机技术）分卷、核技术经济与管理现代化分卷）. 中国核学会：66-72.

Janse T，Wiers P. 2006. Emissions of greenhouse gases from the Amsterdam water cycle. H₂O，39（18）：87-90.

第二篇　碳排放评估方法

第二篇　腐蚀电化学热力学

第 7 章　碳排放评估方法

Chapter 7　Assessment Methods of Carbon Emissions

碳排放评估是碳排放研究的一个重要手段，可用于估算现状碳排放、预测碳排放趋势和制定节能减排策略等。本章主要介绍碳排放评估的一般方法。

7.1　碳排放评估的研究层面

碳排放评估的目标一般是编制温室气体排放清单或者核算碳足迹。

温室气体排放清单是指从国家、地区或者城市的层面，对不同的行业进行温室气体排放评估。排放清单从不同行业的各个环节进行详细罗列，涉及各种温室气体和各种活动过程，包括直接排放和间接排放。排放清单也适用于企业或组织的温室气体盘查项目。

碳足迹本质上是温室气体排放清单的一种形式，但评估的角度有所不同。碳足迹一般从企业组织、产品服务或者用户终端的层面，对生命周期或者生产过程中所产生的全部碳排放进行核算，一般包括建设阶段（材料生产、材料运输）、运行阶段（设备运行、能源生产）、维护阶段和废弃阶段等各个产生碳排放的环节，包括直接排放和间接排放。

为了编制温室气体排放清单或者核算碳足迹，首先需要确定研究对象所属的碳排放层面或者范畴。从目前的研究来看，碳排放评估可分为四个层面。

7.1.1　国家或地区层面

该层面的碳排放评估，一般由全球碳减排组织或者各国的碳减排机构发起，在国家或者地区尺度进行全面的碳排放评估，需要制定国家或者地区的温室气体排放清单，一般涉及各行各业和各生产环节，主要用于限制国家或地区的碳排放和设计有针对性的碳减排方案。

国家层面的碳排放分析着眼于整个国家的总体物质与能源的消耗所产生的排放量，检视国际贸易引起的碳排放区际转移与责任区域扩散。该尺度的碳排放分析在共同应对全球气候变化问题上显得尤为重要。研究国家层面的碳排放，不仅需要考虑直接碳排放，还需要考虑间接碳排放。例如，1992～2004 年，英国国内温室气体直接排放量减少了 5%，但若将其因消费所导致的间接温室气体排放量纳入计算，则其排放量反而增加了 18%（Wiedmann et al.，2008）；另外，进出口对国家层面碳排放的影响也不容忽视。2007 年我国的温室气体排放总量已超越美国，成为世界第一，但其中约 23% 的排放量是为了制造产品满足其他国家所需而导致的间接排放量（Wiedmann et al.，2008）。

地区或城市尺度的碳排放分析一般包括某一行业不同地区的碳排放对比或者某一地区不同行业的碳排放对比两种形式。有学者研究了美国 2005 年一百个主要大城市的客运、货运交通及住宅区能源消费的碳排放。结果表明，这一百个大城市的人均居住碳排放（2.24t）为美国全国人均居住碳排放（2.60t）的 86%，也就是说大城市的能源利用效率要高于其他城市和地区。该研究还发现，人口密集、城市高速铁路运输发达的大城市的人均碳排放较低。此外，货物运输价格、运输习惯、天气、电力来源以及电力价格等也是影响碳排放的重要因素（Marilyn et al.，2009）。相对于国家层面的碳排放分析，地区或城市尺度的碳排放研究相对薄弱，其原因多归结为影响因素较多、生命周期碳排放的数据获取较为困难等。

7.1.2 企业或组织层面

该层面的碳排放评估工作，一般由政府或企业组织按发展需要提出，在企业或组织尺度进行全面的碳排放评估，要求制定企业或组织的温室气体排放清单，抑或是核算企业或组织的碳足迹。该层面的碳排放评估主要是对各生产部门活动所产生的碳排放进行调查核实，或者对企业生产流程所涉及的碳排放进行测量核算，目的是为了建设低碳企业或者可持续发展的生产组织。

2009 年 3 月，环境评估机构 Camco（2012 年更名为 Camco Clean Energy）完成了金光纸业（中国）投资有限公司（APP）首个碳足迹评估项目，评估对象包括 APP（中国）旗下 6 家制浆造纸工厂和 2 家林业公司，完成评估的公司产能占 APP（中国）全部产能的 80% 以上，此次评估为该公司制订明确的碳排放基准线和长期的节能减排管理措施奠定了基础。

斯德哥尔摩环境研究所（Stockholm Environment Institute）结合过程分析和投入产出分析两种方法计算了英国学校的碳足迹。研究发现，英国 2001 年所有学校的碳足迹总和为 92 万 tCO_2，占英国 CO_2 总排放的 1.3%。其中因采暖所导致的直接排放仅为 26%，其余 3/4 均来自间接排放，其中用电占 22%，学校巴士占 14%，其他交通方式占 6%，化学药品占 5%，教学设备占 5%，纸张占 4%，其他工业产品占 14%，采矿和采石占 2%，其他产品和服务占 2%（SEI，2006）。

7.1.3　产品或服务层面

以某产品或某服务活动为碳排放的研究对象，是产品或服务层面碳排放评估的主要特征。该层面的碳排放评估要求对产品的生产、使用和废弃阶段或者对服务的前期建设、中期运营和后期处理等阶段进行全面的温室气体排放核算。该层面的评估考虑市场或供给需求的影响，是对产品或服务的经济效益和生态效益的优化和权衡。在碳排放评估研究的过程中，大多数的研究是属于产品或服务的范畴。

节碳基金（Carbon Trust）最早应用生命周期方法核算了产品和服务的碳足迹。通过对产品全生命周期碳排放的计算分析，企业可以贴上"碳标签"（carbon footprint label），将其产品的碳足迹告知消费者，从而引导消费者的市场购买行为。2007 年 7 月，百事公司旗下某薯片产品首次应用此碳足迹计算方法进行了碳足迹分析，成为第一个被贴上"碳标签"的产品。到目前为止，该方法已经被广泛应用到全世界 20 多个公司的 75 种产品。此外，Carbon Trust 与英国标准协会（British Standards Institution）、英国环境、食品和乡村事务部（Department for Environment，Food and Rural Affairs，DEFRA）已发布关于碳足迹评估的标准方法 PAS2050（publically available specification），即《商品和服务生命周期温室气体排放评估规范》。该方法以 Carbon Trust 关于产品碳足迹的研究为基础，对现有英国标准进行补充。PAS2050 是一项独立的标准，宗旨是帮助企业管理自身生产过程中所形成的温室气体排放量，寻找在产品设计、生产和供应等过程中的减排途径。

还有学者基于生命周期方法比较了两种不同类型办公室座椅的碳足迹，发现原料中含铝的座椅具有较高的温室效应系数（Gamage et al.，2008）。这是因为在铝的开采过程中会产生较多的温室气体排放量。而进一步研究发现，直接开采铝比利用循环铝排放更多的温室气体，因此回收利用废座椅中的铝能有效地降低其温室效应系数。

7.1.4　个体层面

虽然个体的碳排放具有极大的主观性，但对个体层面的碳排放进行评估却是一种有趣的研究方式。目前这一类的研究多止步于碳足迹计算器等小工具的开发和统计分析，由于模型过于简化，这一类的研究学术意义不高。但作为倡导建设低碳社会的一个手段，却是具有指导性意义的。

(1) 个人碳足迹

个人碳足迹是针对每个人日常生活中的衣、食、住、行所导致的碳排放量加以估算的过程。

2007 年 6 月 20 日，英国 DEFRA 在其官方网站发布 CO_2 排放量计算器，让公众可以随时上网计算自己每天生活中排放的 CO_2 量。该计算器根据个人或家庭使用的耗能设备、家电和交通工具的情况计算 CO_2 的排放量，并为访问者提供节能降耗的建议。美国加利福尼亚州环境保护署也委托伯克利大学设计了碳足迹计算器，该计算器应用了生命周期的评估方法，是目前涵盖层面较为完整的碳足迹计算器。2006 年以来，我国国内一些网站也公布了 CO_2 排放量计算器，让公众可以借鉴使用。

以上碳足迹计算器都是基于"自下而上"（bottom-up）的方法来评估碳足迹，即依照个人日常生活中实际消费、交通形态为估算依据。另有一种计算方法是依据"自上而下"模型，如以家户收支调查为基础，辅以环境投入产出分析，计算出一国中各家庭或是各收入阶层的碳足迹的平均概况。

(2) 家庭碳足迹

对于家庭的碳足迹核算是国外碳足迹研究中起步较早且相对较为成熟的内容。

有学者运用区域间投入产出分析模型（MRIO）和生命周期评估方法，结合消费支出调查，分析了国际贸易对美国家庭碳足迹的影响（Wiedmann et al.，2008）。研究结果显示：随着全球贸易的增长，2004 年美国家庭碳足迹的 30％产生自美国境外；而且，家庭的收入和支出是影响碳足迹的最主要因素。在此基础之上，对家庭层面的碳排放研究进一步扩展到多区域投入产出模型（quasi-multi-regional input-output model），并进行了时间尺度及不同家庭间的纵向和横向对比分析。研究显示，英国 2004 年家庭碳足迹比 1990 年增长了 15％，其中产生自英国境外部分的碳足迹不断增长。通过对英国不同家庭碳足迹的对比分析显示，最高家庭的碳足迹比最低家庭多 64％。该研究还发现，2004 年英国家庭通过娱乐和休闲活动所排放的 CO_2 占其全部碳足迹的 1/4 以上（Druckman and Jackson，2009）。

家庭尺度碳足迹研究的另一个主要方向是对于碳足迹模型的评估分析。

Kenny 和 Gray（2009）运用六种碳足迹评估模型分别计算了爱尔兰典型三口家庭的碳足迹。研究表明，这六种模型之间存在不一致性，甚至有时相互矛盾。Padgett 等（2008）应用十种碳足迹计算模型计算了美国家庭的碳足迹，也得出了上述相似结论：这些碳足迹计算模型大多缺乏一致性，尤其反映在评估美国家庭电力消费上，而且大部分模型缺乏对其方法和评估的详细说明。可见，尽管碳足迹计算模型发展迅速，但现有模型还存在一些不足和缺陷，反映在碳足迹计算边界的确定、各种碳排放因子的选取、数据收集的准确性等方面。由于碳足迹计算模型可以促进公众对其个人行为所排放 CO_2 的环境影响的意识，所以如何提高碳足迹计算模型的准确度和透明度，并对模型进行改进和完善将成为今后碳足迹理论研究的重点和难点之一。

7.1.5 水系统碳排放评估的层次

城市水系统的碳排放研究，其碳排放评估的目标范畴，基本可以覆盖上述四个层面。核算一个国家或者地区水系统各大行业的碳排放时，属于国家或地区层面的碳排放评估，一个城市水系统各个大行业的碳排放评估，也可以近似地属于这一层面。水系统子行业的碳排放，如供水系统的碳排放，可以看成是对其产品的碳排放评估，受供给目标水量、水质需求的影响，因此属于产品或服务层面。而对某一个污水处理厂或者供水单位进行碳排放盘查时，就属于企业或组织层面的碳排放。对某一栋建筑物的碳排放评估，如研究建筑中水回用的碳排放，则可以看作是个体层面的碳排放评估，若是一座污水处理厂或者供水建筑，则也可以看作是企业层面的碳排放评估。

7.2　碳排放评估方法

对于不同层面的碳排放评估，有不同的调查方案和计算流程。但总的来说，无论对哪个层面，基本的方法都主要包括以下三种：排放因子评估法、生命周期评估法和投入产出法。

7.2.1 排放因子评估法

(1) 基本原理

排放因子评估法，简而言之，就是把有关人类活动发生程度的信息［活动数据（activity data，AD）］与单位活动的排放量或清除量的系数结合起来，估算碳排放的一种方法。这些系数称作排放因子（emission factor，EF）。基本方程如式（7-1）所示。

$$排放 = AD \cdot EF \qquad (7\text{-}1)$$

有些情况下，可以对基本方程进行修改，以便纳入除估算因子外的其他估算参数。对于涉及时滞（如由于原料在垃圾中腐烂或制冷剂从冷却设备中泄漏需要一定时间）的情况，则可以辅助使用其他方法，如一阶衰减模型。而对于涉及化学反应较多的生产过程，一般可以结合物料平衡法（material balance）来估计活动数据。

物料平衡法是通过测定和计算，确定输出系统物流的量（或物流中某一组分的量）和输入系统物流的量（或物流中的某一组分的量）相符情况的过程。其理论依据是质量守恒定律，即在一个孤立的系统中，不论物质发生何种变化，它的质量始终不变。根据质量守恒定律，对于某个系统，输入的物料量应该等于中间产品量与可见损耗量之和，故物料在其平衡边界内的基本关系式可以用式（7-2）表示。

$$理论投料量 = 中间产品量 + 可见损耗量 \qquad (7-2)$$

物料平衡分析是对物料投入量与产出量进行分析的方法，利用物料平衡分析法，可以准确判断废物流，定量地确定废弃物的数量、成分以及去向，从而发现过去无组织排放或未被注意的物料流失，发现资源的有效利用量、过程损耗，进而采取措施提高资源的利用率，为实现低碳制造提供科学依据。

（2）评估步骤

第1步，确定评估层面和范围。一般来说，排放因子评估法适用于任何层面的碳排放评估。

第2步，编制评估清单。基于评估层面和范围，根据温室气体来源的关键性，建立一个分层次和类别的人类活动排放清单。可以参考已有的清单或者《IPCC国家温室气体排放清单指南》中的分类。一般来说，评估清单应该具备一致性、完整性等特征。

第3步，确定排放因子。对于评估清单中的每一项活动，确定其排放因子。一般来说，能源使用的排放因子与燃料相关，其他活动的排放因子的确定需要考虑直接排放与间接排放。对于关键活动，可以通过实地监测和模型计算的办法来确定活动排放因子，而非关键活动的排放因子，可直接利用《IPCC国家温室气体排放清单指南》中提供的缺省值。

选择的排放因子的基本要求如下：

1）来源于公认的可靠资料，如来自于IPCC公布的排放因子；

2）满足相关性、一致性、准确性的原则；

3）在计算期内具有时效性；

4）考虑量化的不确定性。

排放因子按照数据质量依次递减的顺序分为下列六类，应选择数据质量较高的排放因子。

1）测量/质量平衡获得的排放因子：包括两类，一是根据经过计量检定、校准的仪器测量获得的因子；二是依据物料平衡获得的因子，如通过化学反应方程式与质量守恒推估的因子。

2）相同工艺/设备的经验排放因子：由相同的制程工艺或者设备根据相关经

验和证据获得的因子。

3）设备制造商提供的排放因子：由设备的制造厂商提供的与温室气体排放相关的系数计算所得的排放因子。

4）区域排放因子：研究区域所在的特定地区或区域的排放因子。

5）国家排放因子：研究区域所在的特定国家或国家区域内的排放因子。

6）国际排放因子：国际通用的排放因子。

第 4 步，收集活动数据。根据评估清单，确定相关活动的量，主要通过调查、建模等方式完成。例如，统计供水系统的供水量和某污水处理厂的药剂使用情况等。

第 5 步，核查或调整清单。主要对评估清单的完整性、时间序列一致性和不确定性进行评估，可采用专家审核等方式进行。在核查时应该注意温室气体的清除量。

排放因子评估法的评估效果依赖于活动数据清单的质量，当清单不够详细时，容易引起活动数据统计缺失，这时就需要进行局部的监测和模拟计算。例如，由于采用了新工艺，某废水处理厂按照 IPCC 提供的清单进行碳排放评估时，发现并没有太多关于该工艺的描述，而该工艺的改进实际上大大减少了碳排放。此时，为了保证碳排放评估的准确性，该处理厂应采用生命周期评估的方法，对新工艺的过程碳排放进行重点评估，以满足编制清单的需求。

7.2.2　生命周期评估法

（1）生命周期评估的历史

生命周期评估（life cycle assessment，LCA）的历史可以追溯到 1969 年。美国可口可乐公司委托美国中西部研究所对不同饮料容器从原材料采掘到废弃物最终处理的全过程进行跟踪，定量分析它们生命周期过程中的资源消耗和环境释放特征，进而确定哪种容器对自然资源的消耗最小、对周围环境排放的污染物最少。该研究分析了大约 40 种材料，量化了各种材料生产消耗的能源和原料用量，以及它们在生产过程中排放的污染量。研究结束后，美国环保局（Environmental Protection Agency，EPA）于 1974 年发表了一份报告，提出了一系列 LCA 的早期研究框架。

在 20 世纪七八十年代，LCA 多用于特定产品的设计评估及规划。由于评估的过程繁琐，而且需要大量的环境数据，当时 LCA 并未获得普遍的推广与利用。不过，英国的 BOUSTEAD 咨询公司在 20 世纪 80 年代，针对清单分析方法做了大量的研究，并为后来著名的 BOUSTEAD 数据模型打下了理论基础。

LCA 得到广泛关注并迅速发展是在 20 世纪 80 年代末。随着各种环境问题的日益显现与恶化，全球环保意识普遍增强，可持续发展思想普及，社会开始关注 LCA 的各项研究成果，LCA 迅速发展。1990 年，国家毒理学与化学学会 (Society of Environmental Toxicology and Chemistry，SETAC) 首次召开了有关 LCA 的国际研讨会。在这次会议上，"生命周期评估"的概念被首次提出。

1993 年，EPA 出版了《生命周期评估——清单分析的原则与指南》，比较系统地规范了生命周期清单分析的框架。1995 年，EPA 又出版了《生命周期分析质量环境评估指南》、《生命周期影响评估：概念框架、关键问题和方法简介》，这些都使 LCA 的方法有了一定的方法论依据，使 LCA 得到实质性的推广。

1997～2000 年，关于 LCA 的国际标准 ISO14040—ISO14043《环境管理—生命周期评估—原则与框架》、《环境管理—生命周期评估—目标与范围确定》、《环境管理—生命周期评估—清单分析，生命周期影响评估》和《环境管理—生命周期评估—生命周期解释》相继颁布（2006 年更新了版本）。参照国际标准，我国相继出台了 GB/T24040—1999《环境管理生命周期评估原则与框架》及 GB/T24040—2000《环境管理生命周期评估目的与范围的确定和清单分析》等国家标准。2002 年又出版了 GB/T24042《环境管理-生命周期评估-生命周期影响评估》、GB/T24043《环境管理-生命周期评估-生命周期解释》（2008 年更新后为 GB-T24040—2008《环境管理-生命周期评价-原则与框架》和 GBT24044—2008《环境管理-生命周期评价-要求与指南》）。至此，LCA 已经成为企业在可持续经营与环境保护上的重要评估工具。

(2) 生命周期评估的定义

关于 LCA 的定义，尽管表述不尽相同，但各国机构采用的评估框架与内容已经趋向一致，其核心是：LCA 是对贯穿产品生命周期全过程的环境因素和潜在影响的研究。根据 BS EN ISO14040：2006 准则，生命周期是指产品系统中前后衔接的一系列阶段，从自然界或从自然资源中获取原材料，直至生命周期结束，包括任何回收利用或回收活动。LCA 是指对一个产品系统生命周期内的输入、输出及其潜在环境影响的汇编和评价。

PAS2050：2008 标准指出，生命周期评价按照研究范围可以分为两种类型。

1）从商业到消费者的评价。包括产品在整个生命周期内（从原料开采、加工、运输、使用到废弃）所产生的碳排放，也称"从摇篮到坟墓"的评价（见 BS EN ISO14044）。

2）从商业到商业的评价。包括产品从原料开采、加工、运输直至到达下游企业被进一步加工或者使用之前所释放的 GHG 排放（包括所有上游排放），也称"从摇篮到大门"的评价（见 BS EN ISO14040）。

另外，LCA 按照其技术复杂程度可分为三类。

1）概念型 LCA。根据有限的、通常是定性的清单分析来评估环境影响。它不宜作为市场促销或公众传播的依据，但可帮助决策人员识别哪些产品在环境影响方面具有竞争优势。

2）简化型或速成型 LCA。它涉及全部生命周期，但仅限于进行简化的评估，如使用通用数据（定性或定量），使用标准的运输或能源生产模式，着重最主要的环境因素、潜在环境影响及生命周期步骤。其研究结果多用于内部评估和不要求提供正式报告的场合。

3）详细型 LCA。包括 ISO14040 标准要求的目的和范围确定、清单分析、影响评估和结果解释全部步骤。常用于产品开发、组织营销和包装系统选择等。

不同的研究应根据研究意图与目的选用适宜的 LCA 方法（汪静，2009），见表 7-1。

表 7-1 不同类型 LCA 的适宜用途

Table 7-1 Applicability of various types of LCA

项目	概念型 LCA	简化型 LCA	详细型 LCA
产品设计	√	√	√
环境标识		√	
市场规划	√	√	
绿色评估	√	√	

（3）生命周期评估的步骤

《环境管理生命周期评价要求与指南》（GBT 24044—2008）将 LCA 分为相互关联的四个步骤：目的和范围的确定、清单分析、影响评估和结果解释，如图 7-1 所示。

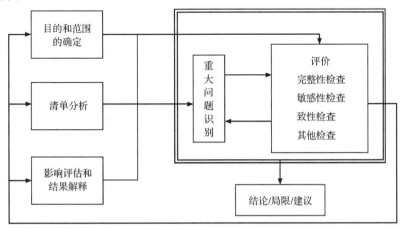

图 7-1 LCA 框架及各阶段的关系

Figure 7-1 Life cycle assessment framework

1）目的和范围的确定。根据应用意图和决策者的信息需求，确定评估目的，并根据评估目的来确定研究范围，包括系统功能、功能单位、系统边界、环境影响类型、数据要求、假设和限制条件等。这是 LCA 的第一步，直接影响到整个评估工作程序以及最终研究结论的准确度。

功能单位是定量衡量待分析对象功能所选用的单位。当 LCA 用于比较分析两个产品的环境影响时，需要基于同一基准进行。功能单位即提供了相同的基准。

系统边界包括空间、时间和环境影响三种边界。在进行 LCA 时，首先需要根据研究目的，确定研究对象所在的空间区域、所包括的时间范围以及所研究的环境负荷种类。

LCA 是建立在清单数据基础上的。因此需要根据研究目的确定对数据的质量要求：即对数据时间阶段、空间范围和精度等方面的要求。

2）清单分析。清单分析（life cycle inventory，LCI）是一份关于所研究产品或生产活动整个生命周期过程的数据清单，这份数据清单记录了会形成环境负荷的相关物质的输入和输出量信息。清单分析主要包括数据收集与确认、数据与单元过程的关联、数据与功能单位的关联、数据的合并、功能单位的修改等工作。图 7-2 展示了清单分析程序的一般步骤。

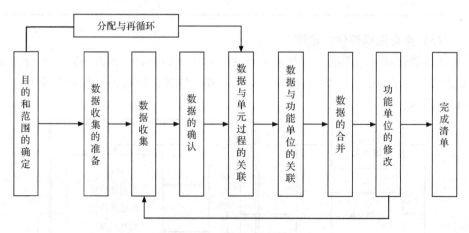

图 7-2　清单分析程序
Figure 7-2　Life cycle inventory analysis program

值得注意的是，清单模型数据的获得主要有两种途径：一是对某产品的生产过程进行跟踪从而获得清单数据，可将其归为过程分析法所用的途径；另一种方法是按照行业的输入输出总量进行统计，可将其归为投入-产出法所用的途径。前一种途径包括了整条生产链的清单数据，获得的数据精度高，可以区别不同工艺过程的环境影响程度，但往往清单数据庞大，工作量巨大；后一种途径只能反映行业总体的环境影响程度，无法区分个别行业的环境影响水平，但相对工作量小，易于实行。本节主要讨论前一种途径，后一种途径将在7.2.3节讨论。

3）影响评估。影响评估就是对产品或生产活动生命周期过程中的各种环境影响进行评估。它需要对清单阶段所识别的环境影响进行分类、特征化和加权，使清单数据进一步与环境影响联系起来，让非专业的环境管理决策者更容易理解。

4）结果解释。根据规定的目的和范围，综合考虑清单分析和影响评估的发现，客观地分析结果、形成结论、解释结果的局限性，提出建议。说明应易于理解并完整一致。

（4）生命周期评估的适用范围

LCA适用于不同尺度的碳足迹核算，如产品/个人、家庭、组织机构、城市、区域乃至国家等，但存在以下三方面的不足：

1）由于该方法允许在无法获知原始数据的情况下采用次级数据，因此可能会影响到碳足迹分析结果的可信度。

2）碳足迹分析没有对原材料生产以及产品供应链中的非重要环节进行更深入思考。

3）因无法具体获悉产品在各自零售过程中的碳排放，所以零售阶段的碳排放结果只能取平均值。

基于工艺分析的生命周期评估法（process-based LCA）侧重于了解产品从摇篮到坟墓整个生命周期内对环境的影响，对于生命周期任意给定的阶段都需要列出其输入（如物料、能源等资源）与输出（如各种温室气体等）。对于一个简单的产品，在其生产工艺的某个阶段能比较容易地对该阶段资源输入情况和各种废弃物的输出情况进行清单分析，从而能够详细地了解产品生命周期各个阶段对环境的影响因素，易于发现导致碳排放的薄弱环节。对于结构比较简单的产品，如一瓶矿泉水，由于资源消耗和废弃物排放情况比较简单，因此进行LCA比较容易；而对于结构比较复杂的产品，如一座污水处理厂，由于资源消耗和废弃物排放情况比较复杂则很难进行LCA分析。因此基于工艺分析的生命周期评估法存在如下缺陷：一是需要定义合适的系统边界，系统边界限定了研究的范围，从而增加了评估结果的不确定性；二是不适用于评估系统复杂的产品，如一个水厂、一座城市等。

7.2.3 投入产出法

（1）投入产出法的历史

投入产出分析（input-output analysis）是研究经济系统中各个部分之间在

投入与产出方面相互依存的经济数量分析方法。投入产出法最早由美国经济学家列昂惕夫（W. Leontief）提出，较详尽地描述了经济系统运行中各部门的相互依存关系，为产品部门使用的中间投入来源和产品使用去向提供了一个强有力的分析工具。因此，自20世纪60年代以来就被广泛地应用于区域产业联系以及资源利用研究中。

投入产出法的核心工作是编制投入产出表和确定环境影响系数。投入产出表又称部门联系平衡表，是反映一定时期各部门间相互联系和平衡比例关系的一种平衡表。20世纪50年代初，西方国家纷纷编制投入产出表，应用投入产出分析解决实际经济问题，苏联于1959年开始应用投入产出分析方法，联合国于1968年将投入产出表推荐作为各国国民经济核算体系的组成部分。中国是应用投入产出分析比较晚的国家，1974～1976年试编了第一张全国投入产出表，1987年开始将投入产出表编制工作制度化，2013年第五次全国投入产出调查，并编制2007年全国投入产出表。这些投入产出表包括了农业、采掘业、制造业、电力、热力煤气及水生产和供应业、建筑业、交通运输、仓储及邮电通信业、商业以及其他服务业等产业部门。目前，已有一些企业编制了企业投入产出表，并用于企业计划、生产、成本等管理工作中。

（2）投入产出表

一般的投入产出表分为三个部分构成（表7-2）。

1）第Ⅰ象限。由若干产品部门纵横交叉而成的中间产品矩阵，反映国民经济各部门之间相互依赖、相互提供劳动对象供生产和消耗的过程。

2）第Ⅱ象限。是第Ⅰ象限在水平方向上的延伸，反映最终需求（或使用）的价值量、规模及构成。

3）第Ⅲ象限。第Ⅰ象限在垂直方向的延伸，由各种增加值项目组成，反映各产品部门的增加值及其构成情况。

表7-2中各栏指标的含义如下。

1）总产出。指常住单位在一定时期内生产的所有货物和服务的价值。总产出按生产者价格计算，它反映常住单位生产活动的总规模。常住单位是指在我国的经济领土内具有经济利益中心的经济单位。

2）中间使用。指常住单位在本期生产活动中消耗和使用的非固定资产货物和服务的价值，其中包括国内生产和国外进口的各类货物和服务的价值。

3）最终使用。指已退出或暂时退出本期生产活动而为最终需求所提供的货物和服务。

4）总投入。指一定时期内我国常住单位进行生产活动所投入的总费用，既包括新增价值，也包括被消耗的货物和服务价值以及固定资产转移价值。

表7-2 一般的投入产出表

Table 7-2 General input-output table

项目		中间使用					最终需求或使用			进口	总产出
		部门1	部门2	...	部门j	...	部门n	最终消费	资本形成	出口		
中间投入	部门1	d_{11}	d_{12}	...	d_{1j}		d_{1n}	$Y=\begin{bmatrix} y_1 \\ y_2 \\ \vdots \\ y_i \\ \vdots \\ y_n \end{bmatrix}$ 第Ⅱ象限				$X=\begin{bmatrix} x_1 \\ x_2 \\ \vdots \\ x_i \\ \vdots \\ x_n \end{bmatrix}$
	部门2	d_{21}	d_{22}	第Ⅰ象限	d_{2j}		d_{2n}					
	⋮	⋮	⋮		⋮		⋮					
	部门i	d_{i1}	d_{i2}		d_{ij}	...	d_{in}					
	⋮	⋮	⋮		⋮		⋮					
	部门n	d_{n1}	d_{n2}	...	d_{n1}	...	d_{nn}					
增加值	固定资产折旧	u_1	u_2	...	u_j		u_n					
	劳动者报酬	v_1	v_2	第Ⅲ象限	v_j	...	v_n					
	生产税净额	M_1	M_2		M_j	...	M_n					
	营业盈余	N_1	N_2		N_j	...	N_n					
总投入		x_1	x_2	...	x_j	...	x_n					

注：d_{ij}为第j部门生产经营中直接消耗的第i部门的货物或服务的价值；y_i为第i部门的最终需求或使用；u_j、v_j、M_j和N_j分别为第j部门的固定资产折旧、劳动者报酬、生产税净额和营业盈余；x_i为第i部门的总产出；x_j为第j部门的总投入。

5）中间投入。指常住单位在生产或提供货物与服务过程中，消耗和使用的所有非固定资产货物和服务的价值。

6）增加值。指常住单位生产过程创造的新增价值和固定资产转移价值。它包括劳动者报酬、生产税净额、固定资产折旧和营业盈余。

(3) 投入产出表的平衡关系

投入产出表三大部分相互连接，从总量和结构上全面、系统地反映国民经济各部门从生产到最终使用这一完整的实物运动过程中的相互联系。投入产出表有以下三个基本平衡关系。

1）行平衡关系：中间使用＋最终使用－进口＋其他＝总产出，其数学表达式为

$$\sum_{j=1}^{n} d_{ij} + y_i = x_i \qquad i = 1, 2, \cdots, n \tag{7-3}$$

2）列平衡关系：中间投入＋增加值＝总投入，其数学表达式为

$$\sum_{i=1}^{n} d_{ij} + u_j + v_j + M_j + N_j = x_j \qquad j = 1, 2, \cdots, n \tag{7-4}$$

3) 总量平衡关系：总投入＝总产出，即

每个部门的总投入 = 该部门的总产出

中间投入合计 = 中间使用合计

如表 7-2 所示，总量都为 X。

(4) 投入产出法的基本方程

为介绍投入产出的基本方程，首先引入直接消耗系数（也称投入系数）a_{ij}，表示生产经营过程中第 j 产品（或产业）部门的单位总产出直接消耗的第 i 产品部门货物或服务的价值量，计算公式为

$$a_{ij} = \frac{d_{ij}}{x_j} \qquad i,j = 1,2,\cdots,n \tag{7-5}$$

将各产品（或产业）部门的直接消耗系数用表的形式表现就是直接消耗系数表或直接消耗系数矩阵，通常用 A 表示。行平衡关系式（7-3）可以改写为

$$\sum_{j=1}^{n} a_{ij}x_j + y_i = x_i \qquad i = 1,2,\cdots,n \tag{7-6}$$

式（7-6）用矩阵表示为

$$AX + Y = X \tag{7-7}$$

或

$$X = (I - A)^{-1}Y \tag{7-8}$$

式中，X 为生产链中各部门产品的产出量，即由投入产出表中的 x_i 组成的列向量；I 为单位矩阵；Y 为最终需求或最终使用列向量，即由投入产出表中 y_i 组成的列向量。

(5) 投入产出法的系数

在利用投入产出表进行分析时，需要计算投入产出表的各种系数，具体如下。

1) 直接消耗系数。记为 a_{ij}，如前文所述。直接消耗系数体现了列昂惕夫模型中生产结构的基本特征，是计算完全消耗系数的基础。它充分揭示了国民经济各部门之间的技术经济联系，即部门之间相互依存和相互制约关系的强弱，并为构造投入产出模型提供了重要的经济参数。

2) 完全消耗系数。记为 b_{ij}，指第 j 产品部门每提供一个单位最终使用时，对第 i 产品部门货物或服务的直接消耗和间接消耗之和，可采用以下公式计算：

$$b_{ij} = a_{ij} + \sum_{k=1}^{n} a_{ik}b_{kj} \qquad i,j = 1,2,\cdots,n \tag{7-9}$$

因此，利用直接消耗系数矩阵 A 计算完全消耗系数矩阵 B 如式（7-10）和式（7-11）所示。

$$B = A + AB \tag{7-10}$$

或

$$B = (I-A)^{-1} - I \tag{7-11}$$

完全消耗系数不仅反映了国民经济各部门之间直接的技术经济联系，还反映了国民经济各部门之间间接的技术经济联系，并通过线性关系，将国民经济各部门的总产出与最终使用联系在一起。

3）列昂惕夫逆矩阵。在完全消耗系数矩阵中，矩阵 $(I-A)^{-1}$ 称为列昂惕夫逆矩阵，记为 L。其元素 $L_{ij}(i,j=1,2,\cdots,n)$ 称为列昂惕夫逆系数，它表明第 j 部门增加一个单位最终使用时，对第 i 产品部门的完全需求。

（6）环境投入产出分析法

针对环境保护问题，可以编制环境投入产出表（表 7-3）。该表就是在一般的投入产出表中追加了一行"污染种类"以代表"环境"部门，其每一行的值 P_{ij} 表示第 j 行业的第 i 种污染物的排放，即"环境"部门的"投入"，用以显示环境排放信息。环境产出通过每个阶段的经济产出乘以各部门环境直接影响系数得到。假定环境影响物的种类为 CO_2，则可以将环境投入产出表应用于温室气体排放评估。

表 7-3　环境投入产出表
Table 7-3　Environmental input-output tables

项目		中间使用		最终使用	总产出
		1　2　$\cdots$　n			
中间投入	1	x_{11}　x_{12}　$\cdots$　x_{1n}		y_1	x_1
	2	x_{21}　x_{22}　$\cdots$　x_{2n}		y_2	x_2
	$\vdots$	$\vdots$　$\vdots$　$\ddots$　$\vdots$		$\vdots$	$\vdots$
	n	x_{n1}　x_{n2}　$\cdots$　x_{nn}		y_n	x_n
污染种类	1	P_{11}　P_{12}　$\cdots$　P_{1n}			
	2	P_{21}　P_{22}　$\cdots$　P_{2n}			
	$\vdots$	$\vdots$　$\vdots$　$\ddots$　$\vdots$			
	m	P_{m1}　P_{m2}　$\cdots$　P_{mn}			
新创造价值	劳动报酬				
	社会纯收入				
总产出					

用于温室气体排放计算的环境投入产出模型则描述了某部门的温室气体排放量与该部门的最终需求的关系，实际上是传统的投入产出模型多考虑了温室气体的排放系数。其模型如式（7-12）和式（7-13）所示。

$$C = R(I-A)^{-1}Y \tag{7-12}$$

$$r_i = \frac{P_i}{x_i} \qquad i = 1,2,\cdots,n \qquad\qquad (7\text{-}13)$$

式中，C 为最终需求 Y 引起的各部门温室气体排放向量；R 为温室气体排放系数矩阵，是一个对角矩阵；r_i 为 R 的对角元素，表示部门 i 单位货币产出所直接排放的温室气体量；P_i 为部门 i 的直接温室气体排放量，相当于表 7-3 中 $m=1$ 的情形下，P_{ij} 只有一行；x_i 为部门 i 的总产出。

(7) 投入产出法的计算步骤

投入产出法主要分为以下四个步骤。

1）根据多部门价值量投入产出表，计算里昂惕夫逆矩阵 L。

2）计算各产业部门单位价值量产出的碳排放，即为碳排放强度。根据我国历年碳排放核算结果，得到各产业部门年碳排放量，结合各产业部门的产出水平，得出年碳排放强度向量 R。

3）对碳排放强度向量进行对角化处理，左乘里昂惕夫逆矩阵 L，即得到碳排放完全需求矩阵，又称碳排放乘数矩阵。

4）根据复合乘数的算法，国内最终消费的碳排放矩阵由碳排放完全需求矩阵右乘各部门最终使用的对角矩阵及其组分矩阵所得。

需要说明的是，上述简化的步骤并没有考虑进出口的影响，因此不能对进出口的碳排放足迹进行分解分析。另外，居民生活直接消费化石能源与生活垃圾和污水所产生的碳排放无法嵌入到投入产出表中，由于其本身为生活直接消费的排放，为最终消费的一部分，因此在最终结果中将其叠加到最终消费项。

(8) 投入产出法的适用范围

投入产出分析以棋盘式平衡表的方式反映，研究一个经济系统各个部门之间表现为投入与产出的相互依存关系。每一部门的总产出等于它所生产的中间产品与最终产品之和，中间产品应能满足各部门投入需求，最终产品应能满足积累和消费的需求；每一部门的投入就是它生产中直接需求和消耗的各部门的中间产品，在生产技术条件不变的前提下，投入取决于它的总产出。由于投入产出表提供了一种系统的完整的框架，非直接能源消耗也可以被考虑在内，所以可以通过使用经济结构矩阵和能量统计矩阵，估算出隐含碳排放量。

该方法的局限性在于以下三方面。

1）投入产出模型以产品价值量来衡量产品的能耗水平，但事实上相同价值量产品在生产过程中所隐含的碳排放可能差别很大，由此造成结果估算的偏差。

2）该方法是分部门来计算 CO_2 排放量，而同一部门内部存在很多不同的产品，这些产品的 CO_2 排放可能千差万别，因此在计算时采用平均化方法进行处理很容易产生误差。

3）投入产出分析方法核算结果只能得到行业数据，无法获悉产品的情况，因此只能用于评估某个部门或产业的碳足迹，而不能计算单一产品的碳足迹。

7.3 碳排放评估的相关标准

全球的碳排放评估工作早在20世纪90年代就已经展开，相关的标准和指南也陆续出台。不同层面，不同方法的碳排放评估，都能找到相应的指南。

国家或者地区层面的碳排放评估，用到排放因子评估法，主要参考《IPCC2006国家温室气体排放清单指南》。

为响应《联合国气候变化框架公约》（United Nations Framework Convention on Climate Change，UNFCCC）的要求，IPCC在1996年出台了国家温室气体排放清单指南，旨在核算各国的温室气体排放，并在2006年更新了该指南。《IPCC2006国家温室气体排放清单指南》是目前在国家层面碳排放评估应用最广的指南。

企业和组织层面使用较为广泛的碳排放评估依据主要有《温室气体议定书：企业核算与报告准则》（GHG Protocol）和ISO14064系列标准。

GHG Protocol由世界可持续发展企业委员会（World Business Council for Sustainable Development，WBCSD）和世界资源研究所（World Resources Institute，WRI）于2002年正式公告，宗旨是制定国际认可的企业温室气体核算与报告准则并推广其应用。目前已被多个国际节能减排行动和多家知名企业采用。

2006年3月，国际标准化组织（International Organization for Standardization，ISO）发布了ISO14064标准。作为一项国际标准，具有全球广泛的共识性，可以指导政府和企业测量和控制温室气体的排放，并用于碳交易。

针对产品或服务层面的碳排放评估标准主要包括PAS2050、ISO14040/14044和TS Q0010。这些标准对产品和服务的碳足迹核算都是从全生命周期来进行碳排放估算的。

PAS2050以2008年英国标准协会（British Standard Institution，BSI）版的指导性文件为产品碳足迹评估标准，是评估产品温室气体排放的规范性文件，目前国际上一些公司已在逐步实施，如可口可乐、百事可乐等。ISO14040/14044为国际标准组织于1996年至2006年逐步发布的ISO14040/14044系列标准，其中制定了基于全生命周期评估的产品碳足迹评估标准、架构和步骤。TS Q0010是日本标准协会于2009年发布的产品碳足迹量化和沟通基本准则，其内容主要依照ISO14025的产品分类准则分类，其执行步骤和PAS2050基本一致。

至于个体层面的碳排放评估，可以根据研究需要，选择生命周期或者排放因子评估法的对应的指南。

参 考 文 献

顾朝林，谭纵波. 2009. 气候变化、碳排放与低碳城市规划研究进展. 城市规划学刊，(3)：38-45.

顾道金，朱颖心. 2006. 中国建筑环境影响的生命周期评价. 清华大学学报（自然科学版），46（12）：
　　1953-1956.

计军平. 2011. 基于 EIO-LCA 模型的中国部门温室气体排放结构研究. 北京大学学报（自然科学版），
　　(47)：741-749.

计军平，马晓明. 2011. 碳足迹的概念和核算方法研究进展. 生态经济，(4)：76-80.

蒋婷. 2010. 碳足迹评价标准概述. 信息技术与标准化，(11)：15-18.

李小环. 2011. 基于 EIO-LCA 的燃料乙醇生命周期温室气体排放研究. 北京大学学报（自然科学版），
　　(47)：1081-1088.

裘晓东. 2011. 碳足迹及其评价准则. 标准科学，(6)：69-76.

尚春静，张智慧. 2010. 建筑生命周期碳排放核算. 工程管理学报，24（1）：7-12.

孙建卫，陈志刚. 2010. 基于投入产出分析的中国碳排放足迹研究. 中国人口·资源与环境，20（5）：
　　28-34.

孙增峰，姜立晖. 2011. 城市水系统规划有关问题探讨. 建设科技，9：70-71.

陶雪飞. 2010. 陶瓷企业低碳制造系统模式及评估与建模方法. 重庆：重庆大学博士学位论文.

汪静. 2009. 中国城市住区生命周期 CO_2 排放量计算与分析. 北京：清华大学硕士学位论文.

王微，林剑艺. 2010. 碳足迹分析方法研究综述. 环境科学与技术，33（7）：71-78.

叶祖达. 2009. 碳排放量评估方法在低碳城市规划之应用. 现代城市研究，(11)：20-26.

BS EN ISO 14040, Environmental management-Life cycle assessment-Principles and framework.

BS EN ISO 14044, Environmental management-Life cycle assessment-Requirements and guidelines.

BS ISO 14064-1, Greenhouse gases-Part 1：Specification with guidance at the organization level for quantifi-
　　cation and reporting of greenhouse gas emissions and removals.

BS ISO 14064-2, Greenhouse gases-Part 2：Specification with guidance at the project level for quantification,
　　monitoring and reporting of greenhouse gas emission reductions or removal enhancements.

BS ISO 14064-3, Greenhouse gases-Part 3：Specification with guidance for the validation and verification of
　　greenhouse gas assertions.

Druckman A, Jackson T. 2009. The carbon footprint of UK households 1990-2004：a socioeconomically
　　disaggregated, quasi-multi-regional input-output model. Ecological Economics, 68（7）：1-19.

Eggleston H S, Buendia L, Miwa K, et al. 2006. IPCC Guidelines for National Greenhouse Gas Invento-
　　ries, Prepared by the National, Greenhouse Gas Inventories Programme. Hayama：Intergovernmental
　　Panel on Climate Change（IPCC），IPCC/IGES.

Gamage G B, Boyle C, McLaren S J. 2008. Life cycle assesment of commercial furniture：a case study of
　　Formway LIFE chair. Int J Life Cycle Assess, 13：401-411.

IPCC. 2007. Climate Change 2007：the Physical Science Basis. New York：Cambrige University Press.

ISO/TR 14047：2003（E），Environmental management 007：the physical science basis. New York：Cam-
　　brige University Press.

Kenny T, Gray N F. 2009. Comparative performance of six carbon footprint models for use in Ireland. Envi-
　　ronmental Impact Assessment Review, 29：1-6.

Marilyn A, Brown F S, Sarzynski A. 2009. The geography of metropolitan carbon footprints. Policy and

Society, 27: 285-304.

Padgett J P, Steinemann A C, Clarke J H, et al. 2008. A comparison of carbon calculators. Environmental Impact Assessment Review, 28: 106-115.

SEI. 2006. UK schools carbon footprint scoping study for sustainable development commission by global action plan. Stockholm Environment Institute.

TS Q0100: 2009, General principles for the assessment and labeling of Carbon Footprint of Products.

Wiedmann T, Wood R, Lenzen M, et al. 2008. Development of an embedded carbon emissions indicator. http: //www. isa. org. usyd. edu. au/publications/documents/Defra _ EmbeddedCarbon _ Main. pdf [2014-02-21].

| 第 8 章 | 城市供水与碳排放

Chapter 8   Urban Water Supply and Carbon Emissions

8.1 供水系统碳排放的类型

城市供水系统的碳排放可以按排放方式、活动类型、供水过程和生命各周期阶段等不同方式划分。

8.1.1 排放方式

排放方式包括直接排放和间接排放。

(1) 直接碳排放

供水系统的直接碳排放包括三类。第一类为材料运输活动中燃油消耗产生的碳排放，需运输的材料包括基础设施建设所需的建筑材料（如水泥、沙石、钢筋、管材、管道附件等）和净水处理所需的化学试剂（如聚合氯化铝、聚丙烯酰胺、聚合硫酸铁、聚合氯化铝等）等；第二类为机械设备活动中燃油消耗产生的碳排放，如建筑施工时用到的挖掘机、推土机等；第三类为净水过程中生化反应产生的碳排放。各种燃油消耗产生的碳排放可参考表 6-1。

(2) 间接碳排放

供水系统的间接碳排放包括两类。基础设施建设需要建筑材料，净水处理需要消耗化学试剂，生产这些材料和试剂造成的碳排放为物耗间接碳排放（表 6-3）；各种材料运输活动和机械设备活动需要消耗电能，机械设备包括增压输水或提升水头时用到的水泵、曝气时用到的鼓风机、生物处理时用到的搅拌机等。生产这些电能造成的碳排放为能耗间接碳排放（表 6-2）。

8.1.2 活动类型

供水系统中与碳排放相关的活动包括材料生产、材料运输、设备运行、能源生产四种。

(1) 材料生产

材料生产活动的碳排放，对应于间接碳排放中的物耗碳排放。

（2）材料运输

材料运输活动的碳排放，对应于第一类直接碳排放，即运输基础设施建设所需的建筑材料和净水处理所需化学试剂时燃油消耗产生的直接碳排放。常见的运输方式包括铁路和卡车，卡车运输是首选，因为它的简单性、可操作性、可预见性和广泛的负载大小选项，所以在材料运输过程一般按卡车运输来计算该过程的碳排放。

（3）设备运行

主要指建设施工设备、水泵和净水设备运行燃油消耗产生的碳排放；还包括净水过程生化反应产生的温室气体排放。对应于第二、第三类直接碳排放。由于维护阶段的碳排放产生量相对较小，且机理与运行阶段基本相同，一般将维护阶段归入运行阶段，合并考虑碳排放。

（4）能源生产

能源生产活动的碳排放，对应于间接碳排放中的能耗碳排放。例如，施工设备、水泵和净水设备运行时消耗电力，电力产生的碳排放归入能源生产碳排放中。

8.1.3 供水过程

按照供水过程，供水系统碳排放可以划分为取水、净水和配水三部分，每部分碳排放可以按材料生产、材料运输、设备运行、能源生产等活动类型进一步划分。

（1）取水过程

取水工程是供水工程的重要组成部分。它的任务是从水源取水，并送至水厂或终端用户。取水过程的碳排放包括：取水构筑物建设所需材料的生产和运输活动产生的碳排放；建设施工设备和抽水泵站运行能量消耗产生的直接碳排放；材料运输、施工活动和泵站运行等活动需要消耗能源，这些能源生产过程的碳排放。

（2）净水过程

净水厂工程是城市供水工程的核心内容。净水过程的碳排放包括：净水设施建设需要建筑材料，净水处理需要消耗化学试剂，生产这些材料和试剂造成的碳排放；运输建筑材料和化学试剂时消耗能源产生的直接碳排放；施工设备、水泵和净水设备运行能量消耗产生的直接碳排放，还包括净水过程生化反应产生的温室气体排放；材料运输、施工和水处理等活动都要消耗能源，生产这些能源造成的碳排放。

（3）配水过程

配水工程的碳排放类型与取水工程类似。配水过程的碳排放包括：配水构筑物建设所需材料的生产和运输活动产生的碳排放；建设施工设备和抽水泵站运行能量消耗产生的直接碳排放；材料运输、施工活动和泵站运行等活动需要消耗能源，生产这些能源造成的碳排放。

8.1.4 生命周期各阶段

另一种水系统碳排放的思路是基于生命周期法，考虑建设期、运行期、维护期等各阶段的碳排放。供水系统碳排放产生的阶段主要包括建设阶段和运行阶段，相关设备的维护阶段所产生的碳排放相比前两个阶段较少，在一些研究中可以将其合并在运行阶段中统一考虑。针对每阶段碳排放可以按材料生产、材料运输、设备运行、能源生产等活动类型进一步划分。

（1）建设阶段

建设阶段的碳排放主要包括四部分：取水、净水、配水基础设施建设需要消耗一些材料，生产这些材料造成的碳排放；材料运输的直接碳排放；施工设备运行的直接碳排放以及运输和施工活动需要消耗能源，生产这些能源造成的碳排放等。

（2）运行阶段

运行阶段的碳排放也包括四部分：净水处理需要消耗化学试剂，生产这些试剂造成的碳排放；化学试剂运输的直接碳排放；泵站和水处理设备运行的直接碳排放；材料运输、泵站运行和水处理活动等需要消耗能源，生产这些能源造成的碳排放（Alina et al.，2007）（图8-1）。

比较以上介绍的供水过程划分方法和生命周期划分方法，二者各自独立又相互交融。二者的区别在于考虑的出发点不同，供水过程的碳排放就是从取水、净化处理、配水等供水的各个具体过程入手，分别进行数据搜集计算和分析研究，是一种基于过程的研究思路；而生命周期各阶段碳排放就是从建设、运行、维护阶段等生命周期法的基本概念入手，对整个过程进行考虑，是一种基于整体的研究思路。然而，两种分类都可以按照材料生产、材料运输、设备运行、能源生产等活动类型进一步划分。综合以上分析，可以建立各种供水系统碳排放划分方法的关系见表8-1。

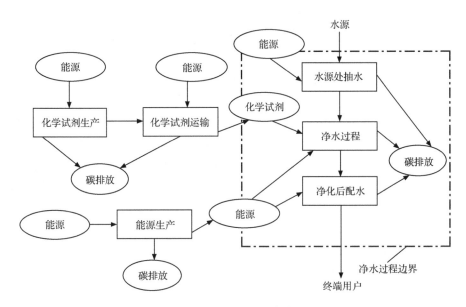

图 8-1 供水系统运行阶段碳排放示意图

Figure 8-1 Carbon emissions of water supply system in operation phase

表 8-1 供水系统碳排放分类

Table 8-1 Classification of carbon emissions in water supply system

项目		活动	供水各阶段		
			取水	净水	配水
生命周期各阶段	建设	材料生产	取水、净水、配水基础设施建设需消耗材料,生产这些材料的碳排放		
		材料运输	材料运输过程燃油消耗的直接碳排放		
		设备运行	施工设备运行过程燃油消耗的直接碳排放		
		能源生产	运输和施工活动消耗电力,电力生产的碳排放		
	运行	材料生产	无	净水处理需要消耗化学试剂,生产这些试剂的碳排放	无
		材料运输	无	化学试剂运输燃油消耗的直接碳排放	无
		设备运行	泵站运行燃油消耗的直接碳排放	水处理设备运行燃油消耗和生物反应的直接碳排放	泵站运行燃油消耗的直接碳排放
		能源生产	泵站运行消耗电力,电力生产的碳排放	运输和水处理活动消耗电力,电力生产的碳排放	泵站运行消耗电力,电力生产的碳排放

8.2 供水系统碳排放评估方法

8.2.1 碳排放计算方法

根据前文介绍，供水系统碳排放可以从排放方式、相关活动、供水过程和生命周期等不同角度进行分析。由于不论是供水过程还是生命周期的碳排放，都可以按照材料生产、材料运输、设备运行、能源生产等活动进一步划分。因此，本节主要从相关活动角度选择供水系统碳排放计算方法。此外，由于材料运输和设备运行活动中考虑的都是直接碳排放，因此本节重点介绍分析材料生产碳排放、温室气体直接释放和能源生产的碳排放。

(1) 材料生产

供水系统涉及的材料主要为基础设施建设所需的建筑材料和净水处理所需化学试剂。生产这些材料造成的碳排放可以用基于经济投入产出的生命周期评价（EIO-LCA）来计算。EIO-LCA 是前文介绍的投入产出法的一种应用版本，即通过生命周期的思路来运用投入产出法，这里说的投入，是指生产活动的资产投入，而该生产活动就是相关的材料生产，产出则指引起的温室气体排放。

(2) 温室气体直接释放

供水系统的材料运输活动、机械设备运行活动和净水过程中生化反应都会产生温室气体直接排放。对于供水系统的直接碳排放，可以用物料平衡法进行分析。

对于净水过程直接碳排放可以根据化学试剂的用量、损失量、利用率以及处理过后产生的最终产物，结合温室气体产生的机理，建立输入化学试剂量与温室气体产生量之间的关系。对于材料运输和机械设备运行消耗化石燃料产生的直接碳排放，可以根据所用化石燃料用量、燃烧过程中损耗、利用率及最终产物，分析燃料用量与直接碳排放的定量关系。

(3) 能源生产

能源生产的碳排放占供水系统碳排放的比例很大。其碳排放的计算可以用排放因子法。能源消耗量可构成活动数据，而生产每单位能源排放的二氧化碳的质量为排放因子。通过对能源消耗数据的收集或计算，就可以得到相关碳排放的数据。

供水系统的能耗主要用于材料运输和各种机械设备，如增压输水或提升水头时用到的水泵、曝气时用到的鼓风机、生物处理时用到的搅拌机，也包括建筑施工时用到的挖掘机、推土机等。

一般主要考虑电力生产的碳排放。在无详细的电力消耗数据的情况下，可以采用 6.3 节介绍的公式估算机械设备运行的能耗。

8.2.2　基于 WEST 的供水系统碳排放评估方法

WEST 是 water-energy sustainability tool 的缩写，即水系统能源可持续发展工具（Stokes and Horvath，2006）。该软件在加利福尼亚州能源委员会公共利益能源研究（PIER）计划的资助下，由美国加利福尼亚州大学伯克利分校土木与环境工程学院开发。该软件可以用于评估水系统的建设、运行和维护各个阶段的能源消耗和碳排放情况，对比不同供水方式的直接或间接的能源消耗和环境影响，包括材料生产（混凝土、管道和化学试剂）、材料运输、建设和维护阶段设备的使用、能源生产（电力和燃料），还有污泥处置。

WEST 针对供水和污水处理系统，基于生命周期思想，提出了一个简单的框架，分析能源消耗和温室气体排放以及其对环境的影响（图 8-2）。WEST 用基于流程的生命周期评价和基于经济投入产出的生命周期评价（EIO-LCA），前者主要专注于材料运输、设备运行和能源生产过程的评估，后者主要专注于原料生产过程的评估。

WEST 可以评估材料生产、材料运输、设备运行和能源生产等活动的碳排放。它还可以让用户评估比 WEST 范围更广的材料投入。例如，用户可以自定义电力的排放因子，可以分析如乙醇和生物柴油这样的替代能源。WEST 还可以分析卡车、火车、飞机等运输过程中的环境影响，还有设备建设和维护期间的排放。对废物处置的一些有限的分析也包括在内。输入的数据是原材料的费用（美元）、化学品的质量（kg），结果输出的是能源消耗（MJ）和碳排放质量（g）等。

WEST 不同于传统的估算碳排放的方法。传统方法一般只考虑电力或能源消耗，而 WEST 考虑了整个生命周期的所有过程。例如，评估光伏发电的电力生产过程，太阳能发电板的制造所产生的环境影响就要被考虑在内，包括采矿、加工、运输、生产所有的生命周期过程。评估混凝土的生产过程同上，包括采矿、用水、加工水泥（碳排放集中的过程）、运输等的整个生命周期链的影响。

WEST 计算一般分建设阶段和运行阶段两个部分进行。

（1）建设阶段

计算包括基础设施建设所需材料的生产和运输过程的碳排放。采用环境投入产出-生命周期评估-排放因子法（economic input-output life-cycle assessment emission factors，EIO-LCA EF）法进行评估，即先采用 EIO-LCA 估算单位材料生产的碳足迹，以此作为排放因子；以材料用量作为活动因子；然后采用排放系数法计算碳排放。

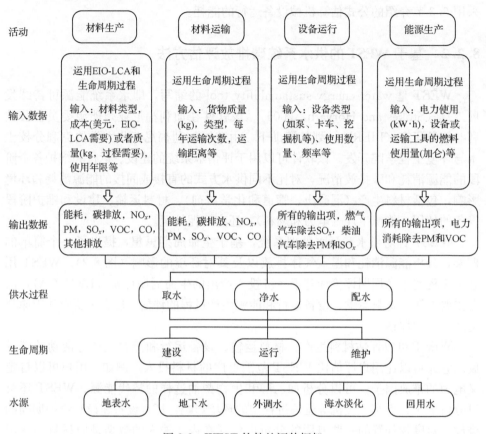

图 8-2　WEST 软件的评估框架

Figure 8-2　WEST software evaluation framework

注：修改自 http：//west. berkeley. edu/model. php［2014-02-21］中 Figure 1。

各种材料的单位成本在软件中都是固定值，包括不同材料、管径的管子的成本，混凝土、钢筋的成本。输入的数据是管道的长度和钢筋混凝土的体积。功能单位和年产量由用户输入。

（2）运行阶段

运行过程影响包括能源消耗，化学试剂的生产。采用基本的排放系数法，计算方法及公式如下。

一般的燃料环境影响的计算公式如下：

$$\text{FuelEffect} = \frac{\text{FuelUse} \times \text{FuelEF} \times \text{FunctionalUnit}}{\text{AnnualProduction}} \tag{8-1}$$

式中，FuelEffect 为燃料的环境影响；FuelUse 为燃料使用量（用电单位 MW·

h，气体燃料单位 MMBtu①，汽油、柴油单位加仑或 L）；FuelEF 为生产相应燃料的排放因子；FunctionUnit 为单位转化；AnnualProduction 为燃料年产量。

如果是混合能源，那么排放因子就是各种燃料分别乘上对应的排放因子再合计。

化学试剂生产部分计算公式如下：

$$\text{ChemicalEffect} = \sum_{k-1}^{x} \frac{\text{Annualmass}_k \times \text{GabiEF}_k \times \text{FuntionalUnit}}{\text{AnnualProduction}} \quad (8\text{-}2)$$

式中，ChemicalEffect 为化学试剂的环境影响；Annualmass_k 为每年最大使用量（kg）；GabiEF_k 为生产相应化学试剂的排放因子；FunctionUnit 为单位转化；AnnualProduction 为化学试剂年产量。

WEST 可以一次性评估五种水源（地下水、水库蓄水、外调水、海水淡化、再生水）或者五种方案（如不同的处理过程或者管道结构），可以分析大型系统的各个组成部分（如一段新建的管线或者供水厂）。需要用户输入的数据包括供水过程或者污水处理过程的基础设施的建设和维护、设备使用情况、电力消耗。软件输出的内容包括能源消耗和物质排放，如 CO_2、NO_x、PM_{10}、SO_2、CO、VOC（挥发性有机化合物）、还有多环芳香烃、有毒重金属等。

WEST 可以解决的问题有以下七方面。

1）材料选择：管道的材料（水泥、金属还是塑料），是否在配水过程建设水泥或者金属的蓄水池；

2）方法选择：哪种消毒方法对环境危害更为严重，氯处理、臭氧处理、紫外线处理；

3）能源选择：提高电力生产效率产生的环境影响；

4）供应和运输方式的选择：交通工具、购买地点等；

5）处理过程的排放评估；

6）处置过程如何减少碳排放；

7）水资源可持续发展。

8.3　供水方案的碳排放比较

本节基于 WEST 工具，分析美国南加利福尼亚州地区五种供水方式的碳排放，用于供水方案的选择（Stokes and Horvath，2009）。

假设的供水厂情况如下：外调水年供水量为 3600 万 m^3，75％来自科罗拉多河（CRA），25％来自国家水项目（SWP），供水面积为 $325km^2$，服务人口为

---

① MMBtu 为百万英制热量，$1Btu \approx 1.055 \times 10^3 J$。

17.5 万人。设计的供水方案为外调水 (imported water, IMP)、海水淡化 (desalinated seawater)、地下咸水淡化 (desalinated brackish groundwater, DBG) 和再生水 (recycled water, REC)。其中海水淡化又可以分为利用传统工艺进行预处理 (conventional pretreatment, DC) 和利用膜处理技术进行预处理 (membrane pretreatment, DM) 两种方案。四种供水方案的基础数据来源于加利福尼亚州一些供水厂的数据 (表 8-2)。

表 8-2 供水方案基础数据
Table 8-2 Basic data of water supply schemes

	项目		IMP	DC	DM	DBG	REC
取水	管道/沟渠长度		CRA, 400km SWP, 1100km 其他, 125km	3.2km	3.2km	4.8km	1km
	电力消耗 [(kW·h)/(a·m³)]		1.7	0.38	0.38	0.26	0.45
净水	工艺		絮凝, 过滤, 消毒	絮凝, 过滤, 反渗透, 消毒	滤膜处理, 消毒	过滤, 滤膜处理, 消毒	过滤, 消毒
	化学试剂 [g/(a·m³)]	酸 (盐酸或硫酸)	0	81	81	65	0
		明矾	0.35	0	0	0	53
		氨水	0.84	8	8.4	13	0
		碳酸钙	0	26	26	0	0
		氢氧化钠	3.3	0	0	17	0
		氯	5.3	0	0	0	19
		二氧化碳	0	26	26	0	0
		氯化铁	4	18	0.4	0	0
		次氯酸钠	1.9	6	6.5	11	0
		其他*	2.8	8.2	7.5	3	4
	电力消耗 [(kW·h)/(a·m³)]		0.17	401	4	204	0.19
配水	管道长度		饮用水系统 (1000km)	IMP+3km 接入净水厂	同 DC	同 IMP	非饮用水 (35km)
	电力消耗 [(kW·h)/(a·m³)]		0.22	0.72	0.72	0.22	1.5

*年消耗量小于 5g/(a·m³) 的试剂,包括聚电解质、阻垢剂、磷酸锌、氟化物、膜清洗化学品。

利用表 8-2 中相关数据，输入 WEST 工具，进行碳排放和能源消耗的核算，最终结果见表 8-3。

表 8-3　供水方案生命周期碳排放

Table 8-3　Life cycle carbon emissions of water supply schemes

供水方案	能源（MJ/m³）	碳排放（g CO₂e/m³）
IMP	18	1093
DC	42	2465
DM	41	2395
DBG	27	1628
REC	17	1023

由上述计算结果，再根据用水量、人口等数据，可以计算出各种供水方案的排放因子，包括能源消耗因子和碳排放因子，见表 8-4。

表 8-4　供水方案的排放因子

Table 8-4　Carbon emission factors of water supply schemes

供水方案	人均年消费量		加利福尼亚州范围内供水			
	能源（GJ）	碳排放（kg CO₂ e）	能源（TJ）	占加利福尼亚州电力的百分比（%）	碳排放（Tg CO₂ e）	占加利福尼亚州排放的百分比（%）
IMP	5.8	360	210 000	22	13	2.6
DC	14	800	500 000	52	29	6
DM	13	780	490 000	51	29	5.8
DBG	8.9	530	320 000	34	19	3.9
REC	5.5	330	200 000	21	12	2.5

注：年人均用水量为 326m³；假设加利福尼亚州的人口数为 3650 万人。

从表 8-3 可以看出，现有的外调水方案要优于所有的咸水淡化方案，在不考虑预处理方式的情况下，海水淡化的结果是外调水的 1.5～2.4 倍；地下咸水淡化明显优于传统的海水淡化（仅占其 53%～66%），但还是超过外调水 150%；再生水优于外调水，其能源消耗和碳排放相对较少。

利用膜预处理法是目前海水淡化中的一项新兴技术，其微滤和超滤技术相比于传统的预处理技术会减少电力和化学试剂的消耗。但该案例中，两种海水淡化的方法在能源消耗和碳排放方面的差别微小（<5%），这是由于膜预处理法所节省的能源和碳排放较海水淡化整体的能源消耗和碳排放的数量级相对较少，因此未看出差别。

表 8-4 显示的加利福尼亚州居民年平均用水的排放因子。加利福尼亚州的一

般居民每人每年需水 $326m^3$，如果全由外调水提供，则需要消耗 5.8GJ 的能量，产生 $360kg\ CO_2e$ 的温室气体。如果由海水淡化提供，则这个数据会上升到 14GJ 和 $800kg\ CO_2e$。人均供水消耗电力（外调水供水）占人均总用电量的 65%，若用海水淡化供水，则需目前人均总用电量的 150%。

表 8-4 还显示了加州总供水下的相关排放情况（农业、热电和环保使用除外）。表中对全州供水系统的能源消耗和碳排放与全州总的耗电量和发电量产生的能源消耗进行了比较，优先考虑环境因素，外调水是最好的供水方案，只消耗了全州 22% 的电力，碳排放只占 2.6%，如果使用海水淡化，这些数据将上升到 52% 和 6%。

由该案例的计算，从生命周期各阶段、供水各阶段、相关活动、材料生产四个方面对其中的能源消耗情况进行汇总分析并作图。其中，生命周期各阶段分为建设、运行、维护三个阶段；供水各阶段分为取水、净水、配水三个阶段；相关活动包括能源生产、设备使用、材料运输、材料生产四个部分；材料生产包括管道、化学试剂、设施、建设材料四个部分（图 8-3）。

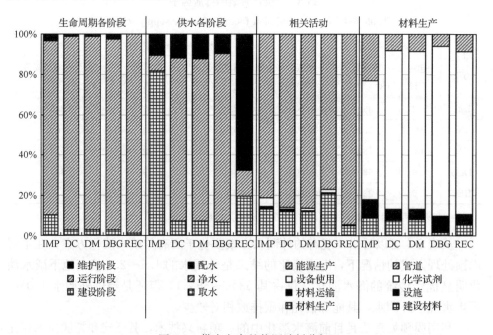

图 8-3 供水方案的能源消耗分解

Figure 8-3 Breakdown of energy consumption of water supply schemes

注：修改自 Stokes and Horvath（2009）中 Figure 1。

由图 8-3 可以明显看出，在生命周期各阶段中，无论何种供水方式，运行阶段都是耗能最多的阶段，因而产生了较多的碳排放。

　　供水各阶段中，海水淡化和地下咸水淡化的净水过程耗能占据主导地位，因为三种水处理方式的净水工艺都较为复杂。而外调水和再生水为水源的条件下，由于其净水过程相对耗能较少，因此耗能情况不是主导，外调水中取水阶段为主要过程，耗能最多，再生水中配水阶段为主要过程，耗能最多。另外，供水过程泵的使用、配水过程和净化处理过程取决于水源情况。

　　在相关活动中，无论什么样的供水方式，能源生产都是计算结果中最重要的贡献部分，在地下咸水淡化中占 76%，再生水碳排放中占 92%。因此在现有的碳排放研究中，都把能源生产作为数据搜集以及分析研究的主要对象，其次为材料的生产。而在材料生产中又以化学试剂的生产耗能最多，外调水中取水、配水的过程在整个系统中所占比例很大，因此管道的生产也有一部分明显的耗能情况。

参 考 文 献

Alina I，Bryan W，Christopher A，et al. 2007. Life-Cycle Energy Use and Greenhouse Gas Emissions Inventory for Water Treatment Systems. ASCE，13：4-261.

Stokes J，Horvath A. 2006. Life cycle energy assessment of alternative water supply systems. International Journal of Life Cycle Assessment，11（5）：335-343.

Stokes J，Horvath A. 2009. Energy and air emission effects of water supply. Environmental Science & Technology，43（8）：2680-2687.

Stokes J，Horvath A. 2010. Supply-chain environmental effects of wastewater utilities. Environmental Research Letters，5（1）：1-7.

|第9章| 污水处理系统与碳排放

Chapter 9   Wastewater Treatment System and Carbon Emissions

9.1 污水处理系统碳排放的类型

9.1.1 排放方式

针对污水处理系统的碳排放研究，一般以污水处理过程为核心。我国现阶段城市污水处理设施一般以二级处理为主，因此本章重点分析二级生物处理工艺的碳排放。根据《温室气体议定书：企业核算与报告准则》，将污水处理厂碳排放划分为三个部分。

(1) 直接排放

城市污水处理厂温室气体的直接排放主要来自于生物处理过程中有机物转化时 CO_2 的排放、污泥处理过程中 CH_4 的排放、脱氮过程中 N_2O 的排放、净化后污水中残留脱氮菌的 N_2O 的释放以及其他环节中 CO_2 的直接排放。其中，曝气池排放的 CO_2 占 27%，污泥消化产生的 CO_2 和 CH_4 分别占 9% 和 24%。

(2) 能耗间接排放

城市污水处理厂的耗能环节主要包括污水提升单元、曝气单元、物质流循环单元、污泥处理处置单元以及其他处理环节中机械设备的电能消耗。生产这些电能造成的碳排放为能耗间接碳排放。通过合理的折算因子可将污水处理厂的耗电量转化为碳排放量。折算因子与国家或地区的能源结构有关。

(3) 物耗间接排放

城市污水处理厂处理工艺单元运行需要消耗的药剂主要包括用于污水 pH 调节的石灰、用于补充碳源的甲醇、用于污水后续消毒的液氯，以及污泥浓缩脱水过程中需投加的絮凝剂、助凝剂等。每种药物在其生产及运输等过程中涉及的温室气体排放量，以相应的排放系数进行衡量。例如，石灰的碳排放系数为 1.74 CO_2 ekg/kg，甲醇的碳排放系数为 1.54CO_2 ekg/kg。

图 9-1 总结了污水处理和污泥处置过程的碳排放，不仅包括污水处理系统运行过程的直接碳排放，还包括物耗、污泥转运、沼气回收利用等造成的间接碳排放。

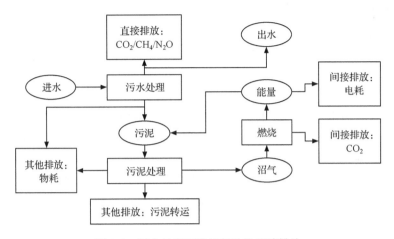

图 9-1　污水处理系统运行阶段的碳排放

Figure 9-1　Carbon emissions of sewage treatment system in operation phase

　　有研究者对污水处理系统生命周期的碳排放进行了研究，除了运行阶段的碳排放，还包括相关基础设施的建设和设备材料运输过程的碳排放等。

9.1.2　污水处理阶段

　　城市污水处理按流程和处理程度划分，可分为预处理、一级处理、二级处理、三级处理（深度处理）、污泥处理以及最终的污泥处置。在污水处理的各个阶段，都会有直接或间接的碳排放。

　　（1）预处理

　　主要去除污水中较大块的悬浮物、漂浮物或可沉无机砂粒。城市污水处理厂的预处理工艺通常包括格栅处理、泵房抽升和沉砂处理。格栅处理的目的是截留大块物质以保护后续水泵、管线、设备的正常运行。泵房抽升的目的是提高水头，以保证污水可以靠重力流过后续的各个处理构筑物。沉砂处理的目的是去除污水中裹携的砂、石与大块颗粒物，以减少它们在后续构筑物中的沉降，防止造成设施淤沙，影响功效；防止造成磨损堵塞，影响管线设备的正常运行。

　　预处理过程产生的碳排放一部分来自于格栅、泵房、沉砂池等基础设施建设和维护过程中耗材和耗能产生的间接碳排放；另一部分是在运行过程中泵房抽升的能耗所产生的间接碳排放。

　　（2）一级处理

　　主要去除污水中呈悬浮状态的固体污染物质。一级处理工艺主要是初次沉淀池，一般初次沉淀池可去除 50% 左右的悬浮物和 25% 左右的 BOD_5。处理构筑物包括格栅、沉砂池和初次沉淀池等。

一级处理过程产生的碳排放一部分来自于初沉池等基础设施建设和维护过程中耗材和耗能产生的间接碳排放；另一部分是在运行过程中药剂和电能消耗产生的间接碳排放。

(3) 二级处理

主要去除污水中呈胶体和溶解状态的有机污染物质（即 BOD、COD 物质），主要是由生物反应池和二次沉淀池构成，去除率可达 90% 以上，使有机污染物达到排放标准。

二级处理过程产生的碳排放一部分来自于生物反应池和二沉池等基础设施建设和维护过程中耗材和耗能产生的间接碳排放；另一部分是在运行过程中生物处理时产生的直接碳排放以及药剂和电能消耗产生的间接碳排放。

(4) 三级处理

三级处理是在一级、二级处理后，进一步处理难降解的有机物、磷和氮等。主要方法有生物脱氮除磷法、混凝沉淀法、砂滤法、活性炭吸附法、离子交换法和电渗析法等。三级处理是深度处理的同义语，但两者又不完全相同。三级处理常用于二级处理之后，而深度处理则以污水回用为目的，是在一级或二级处理后增加的处理工艺。随着城市社会经济的高水平发展，深度处理是未来发展的需要。这一部分的碳排放将在 9.4 节处详细介绍。

9.1.3　污泥处理处置阶段

污泥是污水处理过程中的产物。城市污水处理产生的污泥含有大量有机物，富有肥分，可以作为农肥使用，但又含有大量细菌、寄生虫卵以及从生产污水中带来的重金属离子等，需要作稳定与无害化处理。污泥处理的主要方法是减量处理（如浓缩法、脱水等）、稳定处理（如厌氧消化法、好氧消化法等）、综合利用（如消化气利用、污泥堆肥等）和最终处置（如干燥焚烧、填地投海、建筑材料等）。构筑物包括污泥浓缩池、污泥消化池、脱水和干燥设备等。

污泥处理处置过程会产生大量的 CO_2 和 CH_4，是污水处理厂碳排放的一个主要来源。污泥处理工艺主要包括好氧发酵、厌氧消化、干化等；处置工艺包括填埋、土地利用、污泥焚烧等。污泥处理处置相关碳排放研究情况如下（郭瑞等，2011）。

(1) 好氧堆肥

污泥好氧堆肥过程的碳主要以 CO_2 的形式损失。但是当堆体局部厌氧时，在产甲烷菌的作用下，碳还以 CH_4 的形式排放。由于 CH_4 性质不稳定，厌氧部分产生的 CH_4 在好氧区域又可被氧化为 CO_2。

　　CO_2 和 CH_4 的排放主要发生在污泥堆肥高温期，这与污泥有机质性质及其碳含量、通气状况等因素有关。污泥的易降解有机成分（糖类、淀粉、蛋白质）含量越高，堆肥的 CO_2 排放量越大；纤维素、木质素等难降解有机物含量越高，CO_2 排放量越小。堆体氧气状况直接影响堆肥微生物的活性，从而影响碳的转化形式。通风是改善堆体氧气状况的重要措施。通风量过低，堆体易出现厌氧区域，增加 CH_4 产生量。

　　堆肥调理剂的添加也会影响堆肥过程 CO_2 和 CH_4 的排放。随着调理剂添加比例的增大，CO_2 的排放量增加，而 CH_4 的排放量降低，这主要是由于调理剂增加了堆体碳含量，改善了其水分、pH、通气状况等条件（表9-1）。

表9-1　污泥堆肥的碳排放
Table 9-1　Carbon emissions of sludge aerobic composting

堆肥调理剂	添加比例（%）	CO_2排放量（kg/t）
园林废弃物	14	18.5
园林废弃物	29	30.8
木片	55	36.75
园林废弃物	86～87	60～80

　　根据测算，每吨湿污泥通风好氧堆肥的 CO_2 平均排放量约为 45.21kg，CH_4 排放量约为 0.01～0.38kg，电力消耗为 14kW·h，以 1kW·h 电产生 0.997kg 的 CO_2 计，则湿污泥好氧堆肥过程的碳排放强度为 59～69kg CO_2e/t。

（2）厌氧消化

　　厌氧消化的气体产物主要有 CH_4（65%～70%）、CO_2（30%～35%）及少量的 H_2S 和 NH_3。其中 CH_4 是重要的能源气体，可代替化石燃料进行发电或作为热源。据估计，厌氧消化每吨湿污泥，释放 180kg CO_2，消耗电能 89kW·h，产生的废热及沼气可转化 29kW·h 的电能。因此，以 1kW·h 电产生 0.997kg CO_2 计，湿污泥厌氧消化过程的碳排放强度为 240kg CO_2e/t。

　　厌氧消化不仅能利用废弃物产生新能源，而且可减少温室气体的排放。由于每吨污泥可产生 200～500m³ CH_4，如果 1m³ CH_4 可产生 10kW·h 的电能，则每吨污泥的厌氧消化相当于减少 2～5t 的 CO_2 排放。因此，目前国内外对厌氧消化的研究多集中在提高 CH_4 产量上。预处理是提高厌氧消化效率的有效途径，可增加 12%～120% 的 CH_4 产量，见表9-2，这主要因为预处理可促进水解阶段微生物细胞溶解、不溶性有机化合物及大分子聚合物向小分子可溶性物质的转化。预处理工艺包括高温、生物处理、臭氧氧化、碱处理、超声波等方法。就增加 CH_4 产量而言，臭氧氧化是厌氧消化的适宜预处理方法，其 CH_4 增产量约为其他预处理的 1.4～10 倍。

表 9-2　污泥厌氧消化的碳排放

Table 9-2　Carbon emissions of sludge anaerobic digestion

预处理方法	处理条件	CH_4产量（m^3/t）	增产比例	CO_2减排/（t/t）
臭氧氧化	0.1gO_3/g COD	—	120%	—
臭氧氧化	0.1gO_3/g 总固体	—	108%	—
高温	190℃	314	24%	3.13
高温	70℃	430	24%	4.29
高温	170℃	228	78%	2.27
高温、碱解	130℃、KOH	220	72%	2.19
高温、碱解	121℃、NaOH	520	79%	5.18
生物法	好氧微生物	430	48%	4.29
碱解	NaOH	320	54%～88%	3.19
生物法	蘑菇渣浸提液	230	12%～34%	2.29
超声波	80kHz	—	30%～50%	—
超声波	19kHz	—	20%～40%	—

多种类型污泥联合厌氧消化可促进 CH_4 的产生。污水处理厂污泥与畜禽废弃物、脂类污泥联合厌氧消化可增加 8%～67% 的 CH_4 产量。这与微生物的协同作用、较好的含水率、足量的营养物质以及对抑制物的稀释作用有关。

(3) 污泥干化

污泥干化包括生物干化与热干化，其主要气体产物为 CO_2。生物干化是利用有机质好氧分解产生的热量干化污泥的过程，其 CO_2 的直接产生途径为氨基酸的水解和重碳酸盐的分解，通风耗电及热量消耗会造成 CO_2 的间接排放。据计算，生物干化每吨湿污泥，CO_2 的直接和间接排放量分别为 42.6kg 和 30.5kg。

热干化的 CO_2 排放量随着污泥碳含量的增加而增大。研究表明，城市生活污泥（碳含量 26.05%）干化较造纸污泥（碳含量 16.94%）干化的 CO_2 排放总量大，且前者 CO_2 排放峰值为后者的 2 倍。由于干化以蒸发水分为目的，因此，含水率、通风量、温度均会影响 CO_2 的间接排放。含水率、通风量及温度越高，CO_2 的间接排放量越大。据计算，热干化每吨湿污泥，CO_2 直接排放量约为 227kg，消耗 23.6kW·h 的电能和 320kW·h 的热量。因此，以 1kW·h 产生 0.997kg CO_2 计，热干化的每吨湿污泥释放 570kg CO_2e。

(4) 填埋

传统的填埋场以厌氧反应为主，其气体产物主要为 CH_4 （64%）、CO_2

（35％）。填埋过程中，CH_4 主要在产甲烷阶段产生，CO_2 在整个填埋过程中均有产生，但以产酸阶段排放最多。据估算，填埋每吨湿污泥可排放 500 kg CO_2 e。

填埋场是最主要的人为产甲烷场所之一，其 CH_4 产量为全球 CH_4 排放总量的 10％～19％。IPCC（2007）将控制填埋场的 CH_4 排放列为废弃物行业温室气体减排的重要途径之一。对填埋场进行原位控制以减少 CH_4 产生及提高 CH_4 氧化率，是实现 CH_4 减排的最直接方法。

有机覆盖法是减少 CH_4 排放的一种有效途径。覆盖材料主要有土壤、堆肥。这些覆盖物中存在大量好氧性甲烷氧化菌，可促进填埋场内部产生的 CH_4 在向外扩散的过程中被氧化为 CO_2。研究表明，土壤、堆肥覆盖的 CH_4 氧化率为 10％～100％。

土壤质地及压实强度可影响 CH_4 氧化效率。研究表明，CH_4 的氧化率随着覆盖物粒径的增大、压实强度的减弱而增大，见表 9-3，且压实强度对细质地土壤的影响较砂土更显著。土壤对 CH_4 的平均氧化率由强到弱依次为砂土（53％）、壤土（34％）、黏土（18％）。这主要是因为粒径与压实强度会影响土壤的空气孔隙度，当空气孔隙度低于 10％时，气孔的间断及扭曲对气体的扩散有很强的抑制作用，微生物对 CH_4 及 O_2 的利用率较少，随着空气孔隙度增大，气体扩散能力增强，CH_4 氧化率随之增大。

表 9-3 填埋场不同压实程度的土壤覆盖的 CH_4 氧化率

Table 9-3 CH_4 oxidation rate of landfill covered with soils of different compaction degree

覆盖材料	空气孔隙度（％）	容重（g/cm³）	CH_4氧化率（％）
砂壤土	32.94	1.25	100
砂壤土	23.48	1.42	62
砂壤土	14.48	1.59	20
砂土	18.12	1.74	40
砂土	25.85	1.38	100
土壤	35	—	66～97

腐熟堆肥对 CH_4 氧化率高于土壤。在相同的环境条件下，腐熟堆肥覆盖的 CH_4 平均氧化率是土壤覆盖的 2～3 倍，甚至前者存在 CH_4 的负排放。这主要是因为与土壤相比，腐熟堆肥可为微生物的新陈代谢提供更好的养分、水分、氧气条件。

覆盖物料的含水率、环境温度也可影响 CH_4 的氧化率。覆盖材料的较适持水力为 33％～67％。含水率过高可导致氧气及气体渗透率过低，影响 CH_4 的氧化；含水率过低，可引起覆盖材料表面出现宏观裂隙，造成 CH_4 的泄漏。甲烷

氧化的最适温度为 $20 \sim 38℃$。环境温度可通过影响 CH_4 氧化菌的酶活性而影响覆盖物对 CH_4 的氧化效率。研究表明，当环境温度从 $-24.1℃$ 上升到 $24.3℃$ 时，CH_4 的氧化率可提高 81%，但是当温度超过 $45℃$ 时，CH_4 的氧化停止。

（5）土地利用

土地利用是污泥实现污泥资源化利用的重要途径。土壤中存在大量的 CH_4 氧化菌，是重要的大气 CH_4 汇，每年可从大气中吸收 3000 万 tCH_4。污泥的土地利用可改良土壤的理化性质，但增加了 CO_2 和 CH_4 的排放。这主要是因为污泥中含有大量的有机质，施入土壤后，在土著和外源好氧微生物的作用下分解产生 CO_2，并同时促进了土壤原有易降解有机质的分解。此外，污泥的施用改变了产甲烷菌群的结构，促进了 CH_4 的产生。研究表明，对照土壤，施用污泥的土壤 CO_2 和 CH_4 的排放量分别增加 $120\% \sim 224\%$ 和 $25\% \sim 75\%$；对照施用化肥的土壤，施用污泥的土壤 CO_2 和 CH_4 的排放量分别增加 162% 和 27%。

污泥土地利用的碳排放与土壤有机质含量有关。污泥施用后，高有机质土壤的碳排放量较低，有机质土壤的碳排放量大，见表 9-4。其原因是高有机质土壤中的微生物菌群密度大、种类多，而污泥的施用为这些微生物提供了充足的营养物质及水分条件，增加了微生物的活性，从而促进了污泥及原土壤有机质的分解。

表 9-4　不同有机质含量的土壤施入污泥后的 CO_2 排量

Table 9-4　CO_2 emission of land after applying sludges with different organic content

土壤有机质含量（%）	肥力水平	CO_2 增排量（%）
0.65[a]	较低	$14 \sim 27$
2.19[b]	高	120
2.55[b]	高	224
8.18[b,c]	高	$230 \sim 560$

注：a—基于干基；b—基于湿基；c—依据土壤有机质的平均换算系数 1.724 计算。

污泥土地利用的碳排放量因污泥种类而异，这与不同污泥的碳含量、有机质种类、微生物活性及其菌落组成不同有关。施用脱水污泥的 CO_2 排放量是腐熟污泥堆肥的 7 倍，施用普通污泥的 CO_2 排放量是灭菌污泥的 $2 \sim 4$ 倍。

但是，污泥施用后的碳增排量可通过植物碳汇的增加得到补偿。研究表明，污泥施用可增加 $12\% \sim 137\%$ 的植物固碳量，见表 9-5。因此，虽然污泥的直接施用在短期内增加了碳排放，但是就长期而言，可通过增加植物碳汇及促进 CH_4 氧化而增加土壤碳汇。

表 9-5　污泥土地利用的植物增产量

Table 9-5　Plant yield enhancement after sludge application

植物种类	污泥施用量（kg/m²）	CO_2 固定量（g/株）	CO_2 固定增量（%）
紫花苜蓿	8	1.69～2.83	121～131
绿豆	5	1.54	12
绿豆	6～12	35～41	19～37
水稻	3～12	360～535	60～137

（6）污泥焚烧

污泥焚烧过程中 83% 的碳以气体形式损失，其最终气体产物主要为 CO_2。据测算，焚烧每吨湿污泥的 CO_2 直接排放量为 74kg、间接排放量为 119kg。污泥焚烧的 CO_2 直接排放量主要与焚烧温度有关，受污泥种类、水分含量的影响较小。焚烧温度越高，碳排放量越大。污泥液化温度从 500℃ 增加到 700℃ 时，CO_2 气体含量可从 40%～60% 增加到 70%～80%。焚烧的 CO_2 间接排放主要由电力及燃料消耗造成。但是，该部分的 CO_2 排放可通过热能的转化得到补偿。研究表明，焚烧产生的热能可补偿 75% 的能量消耗。通过改进工艺也可以降低 CO_2 的间接排放。

9.2　污水处理系统碳排放评估

9.2.1　基于《IPCC 国家温室气体清单指南》的碳排放评估

2006 年《IPCC 国家温室气体清单指南》的第 5 卷第 6 章为污水处理碳排放的计算。由于 IPCC 指南是用于指导国家尺度上的碳排放，而且要适用于各个国家，尤其要考虑到绝大部分国家的基础数据较少，因而只是基于人均排放量的粗略计算。IPCC 鼓励各国家或地区根据各自的具体情况开发自己的详细计算模型。目前，已有许多国家在 IPCC 指南的基础上，提出了自己本国的碳排放计算模型，并据此编制碳排放报告。美国除了提出联邦碳排放计算与报告指南，一些州还通过研究及检测提出了适合当地的计算模型。一些组织或机构正在研究污水处理厂厂级尺度上的碳排放详细计算方法，但目前还没有形成权威的计算模型。

对于污水处理系统，基本的碳排放计算方法与供水系统中投入产出法、物料平衡法、排放因子法都相同，只是所用材料和数据不同。而其区别于供水系统最大的特点是温室气体的直接排放是主要的碳排放来源。因此，本节主要介绍污水处理系统中不同温室气体的计算方法。

9.2.1.1 CH₄ 排放

(1) 生活污水处理 CH₄ 直接排放

IPCC 提供了生活污水处理过程中 CH₄ 排放的核算方法如下：

$$CH_4 = (TOW \times EF) - R \tag{9-1}$$

式中，CH_4 为生活污水处理过程中 CH_4 排放总量（kg CH₄/a）；TOW 为生活污水中有机物总量（kg BOD/a）；EF 为生活污水处理过程中排放因子（kg CH₄/kg BOD）；R 为 CH_4 回收量（kg CH₄）。

1）CH_4 排放因子。排放因子计算公式为

$$EF = B_0 \times MCF \tag{9-2}$$

式中，B_0 为最大 CH_4 排放因子，默认值为 0.6 kg CH₄/kg BOD 或 0.25 kg CH₄/kg COD；MCF 为 CH_4 排放的修正因子。

2）生活污水有机物总量。表达式为

$$TOW = P \times B \tag{9-3}$$

式中，P 为城市人口（人）；B 为人均有机物排放量 [kg BOD/(人·a)]。

(2) 工业废水处理的 CH₄ 直接排放

若工业废水现场处理，会产生大量的碳排放。IPCC 提供了厌氧条件下，工业废水现场处理的 CH_4 排放估算方法。工业废水中的有机物通常以 COD 表示。计算公式如下：

$$CH_4 = \sum_i \left[(TOW_i - S_i) \times EF_i - R_i \right] \tag{9-4}$$

式中，CH_4 为工业废水处理过程中 CH_4 排放量（kg CH₄/a）；TOW_i 为 i 类工业废水中可降解有机物总量（kg COD/a）；S_i 为第 i 类工业废水处理后剩余污泥有机物质含量（kg COD/a）；EF_i 为第 i 类工业废水处理过程中 CH_4 排放因子（kg CH₄/kg COD）；R_i 为 CH_4 回收量（kg CH₄/a）。

1）活动数据的选择。i 类工业废水中可降解有机物总量 TOW_i 的计算公式如下：

$$TOW_i = P_i \times W_i \times COD_i \tag{9-5}$$

式中，P_i 为 i 类工业产品总量（t/a）；W_i 为制造每吨 i 类工业产品的废水排放量（m³/t）；COD_i 为 i 类工业废水的化学需氧量（kg COD/m³）。

2）排放因子的选择。不同类型工业废水处理过程中 CH_4 排放因子差异较大，其公式如下：

$$EF_i = B_0 \times MCF_i \tag{9-6}$$

式中，B_0 为最大 CH_4 排放因子（kg CH₄/kg COD），缺省因子 $B_0 = 0.25$ kg CH₄/kg COD。MCF_i 表示 CH_4 排放的修正因子，与处理方法和工业污水类型

相关。

9.2.1.2 N₂O 排放

污水处理过程的硝化和反硝化作用会直接排放 N_2O，将污水排入水道、湖泊或海洋后也会间接产生 N_2O。参照 IPCC 提供的方法（不考虑硝化作用和反硝化作用直接排放），N_2O 排放的计算公式如下：

$$N_2O = 44/28 \cdot N \cdot EF \tag{9-7}$$

式中，N_2O 为 N_2O 排放量（kg N_2O/a）；N 为排放到环境水体的污水中氮的排放量（kg N/a）；EF 为源自排放污水的 N_2O-N 排放因子（kg N_2O-N/kg N）；44/28 为 kg N_2O-N 到 kg N_2O 的转化。

源自生活污水的 N_2O-N 排放因子的缺省值为 $0.0005 \sim 0.25$kg N_2O-N/kg N。污水中氮的排放量估算如下：

$$N = (P \cdot D_{蛋白质} \times F_{NON-CON} \times F_{IND-COM}) - N_{污泥} \tag{9-8}$$

式中，P 为人口；$D_{蛋白质}$ 为每年人均蛋白质消耗量［kg/(人·a)］；$F_{NON-CON}$ 为排放到废水的未消耗蛋白质因子；$F_{IND-COM}$ 为工业和商业废水中的蛋白质含氮量因子；$N_{污泥}$ 为随污泥去除的氮（kg N/a）。

9.2.1.3 CO₂ 排放

(1) 生活污水处理 CO₂ 间接排放

污水处理厂运行过程中，由于风机、水泵、曝气设备、电机等的使用，消耗了大量能源。其中 CO_2 的计算公式如下：

$$CO_2 = W \times S_e \times EF \tag{9-9}$$

式中，CO_2 为生活污水处理 CO_2 年排放量（t/a）；W 为城市生活污水年处理量（t/a）；S_e 为生活污水处理过程的比能耗，一般取 $0.2 \sim 0.4$（kW·h）/m³；EF 为电能消耗的 CO_2 排放因子，取 0.997kg CO_2/(kW·h)。

(2) 工业废水处理 CO₂ 间接排放

不同工业废水处理的能耗不同，计算时，应尽量获取每种工业废水的实际能耗。计算方法如下：

$$CO_2 = \sum_i (W_i \cdot S_{e_i} \cdot EF) \tag{9-10}$$

式中，CO_2 为工业废水处理 CO_2 间接排放量（t/a）；W_i 为 i 类工业废水年处理量（t/a）；S_{e_i} 为 i 类工业废水处理过程的比能耗［(kW·h)/m³］；EF 为电能消耗的 CO_2 排放因子。

同样的，工业污水处理过程中的物耗碳排放可以利用公式（8-2）来计算。

(3) 污水处理 CO₂ 直接排放

污水在耗氧处理过程中，会产生大量 CO_2，其计算公式为

$$CO_2 = \sum_i (TOC_i \times EF_i) \tag{9-11}$$

式中，CO_2 为污水处理 CO_2 直接排放量（t/a）；TOC_i 为生活污水/工业废水处理中有机碳含量（t/a）；EF_i 为排放因子（kg CO_2/kg TOC，默认值为 0.273 kg CO_2/kg TOC）。

在厌氧处理过程中也会产生少量的 CO_2 气体，但主要是 CH_4 气体，因此，对厌氧处理产生的 CO_2 一般不予计算。

9.2.2 基于 WWEST 的污水处理碳排放评估方法

WWEST（wastewater energy sustainability tool）是建立在第 8 章介绍的供水系统碳排放计算软件 WEST 之上，针对污水处理系统碳排放计算所开发的软件（Stokes and Horvath，2010）。WWEST 主要用于评估污水处理整个生命周期内的能源消耗和碳排放，其评价方法与 WEST 基本相同，不同之处在于它可以让用户计算出能耗抵消的部分，即处理过程中产生的能量，可把这部分多算的能耗除去。

WWEST 可用于评估基础设施建设和运行阶段的环境影响，分析污水处理过程中各个部分的能量消耗和碳排放。软件与 WEST 共用一个平台，二者的输入数据和输出内容大体相同。WWEST 软件的框架如图 9-2 所示。

WWEST 的计算采用第 8 章介绍的基础设施建设和运行过程中物耗和能耗间接碳排放的基本公式，除此之外还包括直接碳排放计算公式和污泥处置碳排放的计算公式。

(1) 直接排放

N_2O 计算公式：

$$N_2O = N_2OProcessEF \times PopulationServed \times IndContribution \tag{9-12}$$

式中，$N_2OProcessEF$ 为 N_2O 的排放因子 [g/(人·a)]，可利用式（9-7）计算得出；PopulationServed 为污水处理厂服务人口数量；IndContribution 为工业贡献值比例系数（这里指非住宅区域对废水的贡献情况，包括计算范围内的商户和机构单位）。

总温室气体计算公式：

$$WWProcessGHG = \frac{(23 \times Methane + 296 \times N_2O) \times FunctionUnit}{AnnualProduction} \tag{9-13}$$

式中，WWProcessGHG 为污水处理系统总温室效应；Methane 为 CH_4 产生量（g），可利用式（9-1）、式（9-4）计算得出；N_2O 为 N_2O 产生量（g）；23，296 分别为 CH_4 和 N_2O 的全球变暖潜势；FunctionUnit 为单位转化；AnnualPro-

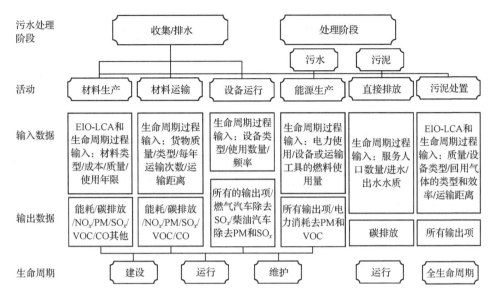

图 9-2 WWEST 软件示意图

Figure 9-2 Framework of WWEST software

注：修改自 http：//west. berkeley. edu/model. php ［2014-02-21］ 中 Figure 2。

duction 为污水年产量（gal）。

（2）污泥处置

污泥处置碳排放计算公式为

$$\mathrm{WasteEffect} = \frac{\mathrm{WasteDisposalEF} \times \mathrm{AnnualSludgeDisposed} \times \mathrm{FunctionUnit}}{\mathrm{AnnualProduction}}$$

(9-14)

式中，WasteEffect 为污泥的环境影响；WasteDisposalEF 为污泥处置的排放因子，因污泥处置方法有多种，可参照 9.1.3 节不同污泥处置方法的碳排放情况，由实验得出相应方法的排放因子；AnnualSludgeDisposed 为年污泥处置量（gal①）；FunctionUnit 为单位转化；AnnualProduction 为污水年产量（gal②）。

计算内容包括长期的处置过程或者再利用过程和运输过程的碳排放，不包括填埋处置。如果用户选择污泥焚烧处理，需要选择一个灰渣处理方式来完善整个过程。

---

① 1gal（us，dry）=4.405L。

② 1gal（us）=3.785 43L。

9.3 污水处理系统管理方式的碳排放比较

基于污水处理系统碳排放评估方法，可以分析规模、工艺组合、处理深度等条件对碳排放的影响，从而开发污水处理系统低碳管理的模式。

本节以智利圣地亚哥地区 Aguas Andinas 水务公司的污水处理厂为例开展研究，估算了 Aguas Andinas 水务公司 1990～2027 年污水处理厂温室气体排放情况（Prendez and Lara-Gonzalez，2008），基础数据来自水务公司的运行记录，本节列举了期间 S1～S6 六种不同的管理方式，用于研究其不同的碳排放情况。管理方式见表 9-6。

表 9-6 污水处理厂的管理方式

Table 9-6 Management modes of wastewater treatment plant

管理方式	污水处理	污泥处理	沼气回收利用
S1	90％好氧过程/10％厌氧过程	100％厌氧过程	无
S2	S1	S1	50
S3	S1	S1	75
S4	100％好氧过程	100％厌氧过程	75
S5	50％好氧过程/50％厌氧过程	100％厌氧过程	75
S6	100％厌氧过程	100％厌氧过程	75

本节计算各种管理方式下 CH_4、N_2O 和 CO_2 的排放。根据三种气体的排放情况，整体换算加和得到六种管理方式的全球变暖潜势，如图 9-3 所示。

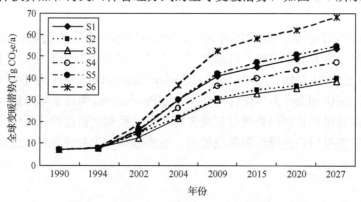

图 9-3 污水处理碳排放的全球变暖潜势（1990～2027 年）

Figure 9-3 Global warming potential of carbon emissions in sewage treatment（1990～2027）

注：引用自 Prendez 和 Lara-Gonzalez（2008）中 Figure 6。

　　根据整体的碳排放情况，S2、S3 要好于其他 4 种管理方式。根据六种管理方式的全球变暖潜势和污水量，可以计算出不同管理方式下单位污水量的全球变暖潜势。

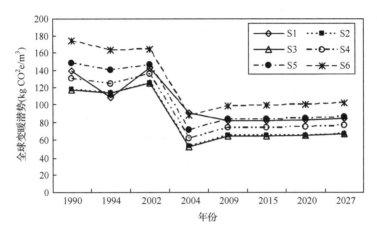

图 9-4　单位污水处理碳排放的全球变暖潜势（1990～2027 年）

Figure 9-4　Global warming potential of carbon emissions per unit sewage
treatment（1990～2027）

注：引用自 Prendez 和 Lara-Gonzalez（2008）中 Figure 6。

　　由图 9-4 可以看出，整体自 2002 年之后，单位污水量的全球变暖潜势有了明显的下降，说明技术的革新对碳排放的影响还是相当可观的。同时，S2、S3 相对其他几种管理方式来说还是有明显的优势，单位量污水的全球变暖潜势最小。

　　综合六种管理方式，S2、S3 两种管理方式的碳排放相对较好，而 S6 的碳排放情况相对较差，对比几种管理方式的条件差异我们可以得出结论，在污水处理系统中，以好氧处理为主、厌氧为辅的方式可以最大限度地保证碳排放的量处于一个较低的水平，同时也保证了出水水质符合相关标准。此外，通过对污泥处理处置过程中产生的 CH_4 进行有效回收利用，将更大限度地减少碳排放的量。

9.4　污水回用与碳排放

9.4.1　再生水用户及水质要求

　　再生水是指污水经适当再生处理后回用的水。再生处理一般指二级处理和深度处理，当二级处理出水满足特定回用要求并已回用时，二级处理出水也可称为再生水。再生水用作建筑物内杂用水时，也称为中水。

按使用方式的不同，再生水可分为直接利用和间接利用两种方式。其中直接再生利用是指城市污水经处理达到相应标准后，直接用管渠输送给用户，即实现再生水的短循环；间接再生利用主要是指将再生水补充地表水源或地下水源，实现污水资源化和再生水的长循环。

根据再生水利用的用途，按回用量由大至小的顺序依次是农业灌溉、工业用水、景观环境用水或市政杂用水、地下水回灌等。不同用途对再生水水质的要求各不相同。

(1) 再生水回用于农业灌溉用水

灌溉回用水是泛指森林、草场、饲料作物、经济作物、蔬菜、果园等农林牧业灌溉用水，有时还包括绿化、景观用水的和地下水回灌用水。由于城市污水中有害物质很多，含有重金属、无机盐等无机物，同时还有大量有机污染物，一般不宜直接灌溉农田。《再生水用于农田灌溉用水水源的水质标准（GB/T 20922—2007)》规定了再生水农田灌溉水质的 19 项基本控制指标和 17 项选择性控制指标，应根据灌溉的实际情况和当地的经济发展水平进行选择（表 9-7）。

表 9-7 再生水回用于农业灌溉用水水质要求（部分指标）（单位：mg/L）

Table 9-7 Water quality requirements of reclaimed water for agricultural irrigation（part of indices） （unit：mg/L）

基本控制项目	灌溉作物类型			
	纤维作物	旱地作物	水田谷物	露地蔬菜
生化需氧量	100	80	60	40
化学需氧量	200	180	150	100
悬浮物	100	90	80	60

(2) 再生水回用于工业用水

工业用水根据用途的不同，对水质的要求差异很大。理想的回用对象是用水量较大且对水质要求不高的部门，符合该条件的回用对象包括工业间接循环冷却用水和工艺低水质用水。

工业间接循环冷却用水对水质要求相对较低，但为了保证循环冷却水系统的正常运行，循环水中各种杂质及污染物的含量有一定的限制。循环冷却水水质控制指标，应根据运行要求、地区条件、不同的水质处理方法和药剂配方，以及换热设备结构形式、材质、工况条件、污垢热阻、腐蚀率确定。工艺低水质用水包括洗涤、冲洗、除尘、直冷、产品用水等，其用水量占到工业总用水量的37%~50%。

再生水回用于工业用水，重点考虑的因素有水垢、腐蚀、生物生长、堵塞和泡沫以及工人健康等。根据《城市污水再生利用 工业用水水质（GB/T 19923—

2005）》，再生水回用于工业用水水质指标共 20 项，其中的水质基本指标 pH1
项，水质感官指标包括悬浮物、浊度、色度 3 项，水质常规指标生化需氧量、化
学需氧量、氨氮、总磷等 14 项，水质生物学指标余氯、粪大肠菌群 2 项（表 9-8）。

表 9-8　再生水回用于工业用水水质要求（部分指标）（单位：mg/L）

Table 9-8　Water quality requirements of reclaimed water for industrial use（part of indices）

（unit：mg/L）

基本控制项目	冷却用水		洗涤用水	锅炉补给水	工艺与产品用水
	直流冷却水	敞开式循环冷却水系统补充水			
悬浮物	30	—	30	—	—
生化需氧量	30	10	30	10	10
化学需氧量	—	60	—	60	60
氨氮（以 N 计）≤	—	10①	—	10	10
总磷（以 P 计）≤		1		1	1

注：①当敞开式循环冷却水系统换热器为铜质时，循环冷却系统中循环水的氨氮指标应小于 1mg/L。

（3）再生水回用于景观环境用水

城市污水再生回用于景观环境用水主要包括城市河湖、公园小区景观水体补
水等，此外还包括自然和人工湿地用水的补给。《城市污水再生利用 景观环境用
水水质（GB/T 18921—2002）》规定了再生水回用于景观环境用水的水质的基本
控制指标（表 9-9）、化学毒理学指标以及对景观水体水力停留时间等要求。对
景观环境用水需强调氮磷等营养盐的去除，以避免回用再生水后造成水体富营
养化。

表 9-9　再生水回用于景观环境用水的水质要求（部分指标）

（单位：mg/L）

Table 9-9　Water quality requirements of reclaimed water for sceni

environment use（part of indices）　　　（unit：mg/L）

基本控制项目	观赏性景观环境用水			娱乐性景观环境用水		
	河道类	湖泊类	水景类	河道类	湖泊类	水景类
生化需氧量	10	6		6		
总磷（以 P 计）	1	0.5		1	0.5	
总氮	15					
氨氮	5					

（4）再生水回用于城市杂用

污水再生回用于城市杂用主要包括城市绿化、道路广场浇洒、建筑冲厕、车

辆冲洗、空调采暖补充、建筑施工、消防等方面。再生水的各种用途需充分考虑其对水质水量的要求。《城市污水再生利用 城市杂用水质（GB/T 18920—2002）》将杂用水的适用范围进行了调整，增加了消防和建筑施工用水，其部分水质控制指标见表 9-10。

表 9-10 再生水回用于城市杂用的水质要求（部分指标）

（单位：mg/L）

Table 9-10 Water quality requirements of reclaimed water for urban miscellaneous use（part of indices）　　（unit：mg/L）

基本控制项目	冲厕	道路清扫、消防	城市绿化	车辆冲洗	建筑施工
溶解性总固体	1500	1500	1000	1000	—
生化需氧量	10	15	20	10	15
氨氮	10	10	20	10	20

（5）再生水回用于地下水回灌

地下水人工回灌水的水质要求，取决于当地地下水的用途、自然和卫生条件、回灌过程和含水层对水质的影响及其他技术经济条件。回灌水水质的基本条件为回灌后不会引起区域地下水的水质变化和污染；不会引起井管或滤水管的腐蚀和堵塞。回灌水水质主要控制微生物学质量、总无机物量、重金属、难降解有机物等。《城市污水再生利用 地下水回灌水质（GB/T 19772—2005）》标准，规定了不同回灌方式的水质基本控制项目（表 9-11）。

表 9-11 再生水回用于地下水回灌的水质要求（部分指标）

（单位：mg/L）

Table 9-11 Water quality requirements of reclaimed water for groundwater recharge（part of indices）　　（unit：mg/L）

基本控制项目	地表回灌	井灌
化学需氧量	40	15
生化需氧量	10	4
硝酸盐（以 N 计）	15	15
亚硝酸盐（以 N 计）	0.02	0.02
氨氮（以 N 计）	1.0	0.2
总磷（以 P 计）	1.0	1.0

考虑到经济和社会效益，再生水应首先供应到具有合理水质要求、较低生产和运输配送成本的用户，我国城市再生水应优先考虑农业灌溉、工业冷却用水和城市景观环境用水等方面。

9.4.2 再生水处理系统

污水回用的目的不同，水质标准和污水深度处理的工艺也不同。通常污水回用技术需要多种工艺的合理组合，即各种水处理方法结合起来对污水进行深度处理，单一的某种水处理工艺很难达到回用水水质要求。

深度处理也叫三级处理，是进一步去除常规二级处理所不能完全除去的污水中杂质的净水过程。城市污水深度处理的基本单元技术有混凝（化学除磷）、沉淀（澄清、气浮）、过滤、消毒。对水质要求更高时采用的深度处理单元技术有活性炭吸附、反渗透、选择性离子交换、折点加氯、电渗析、臭氧氧化等，可选用一种或几种组合。

表 9-12 是根据有关参考文献整理的废水深度处理单元过程可达到的处理水平（雷乐成等，2002）。

表 9-12 废水深度处理可达到的水质水平　　　（单位：mg/L）

Table 9-12 Water quality of effluent after advanced treatment

(unit：mg/L)

二级处理	深度处理	典型出水水质				
		悬浮物	生化需氧量	化学需氧量	总氮	总磷
活性污泥法	过滤	20～30	15～25	40～80	20～60	6～15
	过滤、炭柱	5～10	5～10	3～70	15～35	4～12
	混凝沉淀	<3	<1	5～15	15～30	4～12
	混凝沉淀、过滤	<5	5～10	40～70	15～30	1～2
	混凝沉淀、过滤氨解析	<1	<5	30～60	2～10	0.1～1
	混凝沉淀、过滤氨解析、炭柱	<1	<5	30～60	2～10	0.1～1
生物滤池	无	20～40	15～35	40～100	20～60	6～15
	过滤	10～20	10～20	30～70	15～35	6～15
	曝气、沉淀、过滤	5～10	5～10	30～60	15～35	4～12

9.4.3 再生水回用的碳排放分析

本节主要考虑两个方面的问题：第一，再生水回用的碳排放；第二，再生水回用对水系统碳排放的影响。

(1) 再生水回用的碳排放

本节将再生水回用的碳排放研究边界限定在污水的三级（深度）处理和再生

水配水阶段。其中，三级处理主要在再生水厂进行，而再生水配水过程包括调节增压过程和再生水供水管道过程等（图 9-5）。

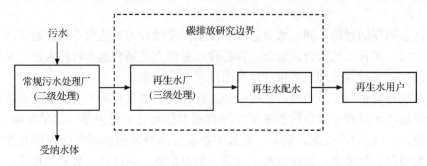

图 9-5　再生水回用的碳排放研究边界
Figure 9-5　Boundary of study on carbon emissions of reclaimed wastewater reuse

再生水回用活动包括材料生产、材料运输、设备运行、能源生产四个部分，其具体的碳排放包含以下几个方面。

1）材料生产。在建设阶段，建设再生水厂、调节增压设备、再生水供水管道及其附属构筑物需要建筑材料、管材和相关仪表设备等；在运行阶段，污水三级处理需要使用药剂。生产这些材料所需的碳排放归类到材料生产活动的碳排放中。

2）材料运输。材料运输活动的碳排放指将材料从出产地运送到相应的目的地，运输过程中能源消耗所产生的直接碳排放。

3）设备运行。设备运行活动的碳排放，主要是指三级处理过程中生化反应产生的温室气体，以及水泵等相关设备运行时消耗能量所产生的直接碳排放。

4）能源生产。能源生产活动的碳排放，主要是指设施建设过程、材料运输过程、污水处理过程、配水过程等消耗的能源在其生产过程中的碳排放。能源消耗包括在各个阶段的电力消耗，如水泵站、净水厂中的设备运行等，也包括汽油、柴油等能源消耗，如运输过程汽车对汽油、柴油的消耗。

（2）再生水回用对水系统碳排放的影响

再生水回用减少了对原有供水的需求量，进而减少城市供水系统中从取水到净水阶段的碳排放。因此，再生水回用节约的碳排放可以根据原有供水需求的减少量、供水系统单位取水和水处理的碳排放进行计算，即

　　再生水回用节约的碳排放 ＝供水需求的减少

　　　　　　　　　　　　　　×（单位取水碳排放＋单位水处理碳排放）

（3）案例分析

地中海沿岸某污水处理厂的处理能力为 $2.35 \times 10^3 \, \mathrm{m^3/d}$。处理厂的一级处理包括水收集、筛滤和沉砂；二级处理包括好氧消化、二次沉降和氯化；三级处理

包括凝聚、絮凝、砂滤、预氯和紫外线消毒处理；污泥经浓缩和脱水后送往堆肥工厂。污水中有 87.8% 经过二级处理后排入大海，有 12.2% 经过三级处理达到非饮用水（灌溉、城市保洁、消防等）水质标准后回用。

Pasqualino 等（2011）分析了该污水处理厂的碳排放，并评估了使用再生水取代自来水所减少的碳排放。研究表明，处理 $1m^3$ 的水，一级处理的碳排放为 0.155kg，二级处理为 0.504kg，污泥线为 0.17kg，三级处理为 0.0172kg，总共为 0.8462kg。由此可见，污水处理厂增加三级处理，碳排放比二级处理水平只增加了 2%（图 9-6）。此外，Pasqualino 等（2011）计算出每节约 $1m^3$ 的水，相当于节约了 0.16kg 的 CO_2，因此该案例中，三级处理所增加的碳排放远小于节约的碳排放，所以，使用再生水减少了碳排放。

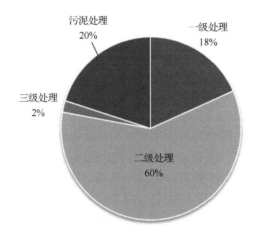

图 9-6　地中海沿岸某污水处理厂各阶段碳排放比例

Figure 9-6　Proportion of carbon emissions in different stages of a sewage treatment plant on Mediterranean coast

参 考 文 献

郭瑞，陈同斌，张悦，等. 2011. 不同污泥处理工艺的碳排放. 环境科学学报，31（4）：673-679.

雷乐成，杨岳平，汪大翚，等. 2002. 污水回用新技术及工程设计. 北京：化学工业出版社.

IPCC. 2007. Climate Change 2007：the Physical Science Basis. New York：Cambrige University Press.

Pasqualino J C，Meneses M，Castells F. 2011. Life cycle assessment of urban wastewater reclamation and re-use alternatives. Journal of Industrial Ecology，15（1）：49-63.

Prendez M，Lara-Gonzalez S. 2008. Application of strategies for sanitation management in wastewater treatment plants in order to control/reduce greenhouse gas emissions. Journal of Environmental Management，88：658-664.

Stokes J，Horvath A. 2010. Supply-chain environmental effects of wastewater utilities. Environmental Research Letters，5（1）：1-7.

第 10 章 建筑水系统与碳排放

Chapter 10 Water System and Carbon
Emissions in Buildings

10. 1 终端用水与碳排放

10. 1. 1 用水单元的用水量

在集中供水的城镇中，终端用水是指从城市供水管进入住宅单元内，并为各个基本组成部分（microcomponents）所使用的水，主要包括水龙头用水、便器用水、洗衣机用水、洗碗机用水、淋/沐浴用水等。

(1) 水龙头用水

水龙头是最末端的取水用具。水龙头的样式很多，适用于不同场所，如普通（冷）水龙头、热水龙头、混合水龙头、浴盆水龙头、淋浴水龙头、洗衣机水龙头、旋转出水口水龙头、手持可伸缩式水龙头（洗涤盆用）、机械式自动关闭水龙头、电控全自动水龙头、自动收费（插卡）水龙头以及净身器水龙头等。

水龙头每次使用的出水量取决于流量和用水持续时间。水龙头的供水能力除了本身结构外，还受到管网给水压力的制约。水龙头的流量是指在规定的压力下，必须达到的最低供水能力。近年来考虑到节约用水的要求，国家标准（规范）中还对超过规定压力时水龙头的最高供水量提出了限制。

现行的给排水规范主要考虑管网末梢最不利给水点的用水，对不同类型的水龙头都有详细明确的要求，如洗面器水龙头在给水压力为 0.5MPa 时，出水量不少于 0.15L/s；浴盆（缸）水龙头在给水压力为 0.5MPa 时，出水量不少于 0.2L/s。

(2) 便器用水

冲水便器是洗手间内的主要用水器具。按照坐便器冲水原理分类，市场上的坐便器基本是直冲式和虹吸式两种大类。

1) 直冲式坐便器是利用水流的冲力来排出废物，存水面积较小，水力集中，冲污效率高。但是，直冲式坐便器的缺陷在于冲水声大，还有由于存水面较小，易出现结垢现象，防臭功能也能不如虹吸式坐便器。

2) 虹吸式坐便器的结构是排水管道呈"∽"型，在排水管道充满水后会产生一定的水位差，借冲洗水在便器内的排污管内产生的吸力将废物排走。虹吸式坐便器冲水时先要放水至很高的水面，然后才将污物冲走，所以要具备一定水量才可达到冲净的目的，每次至少要用 8～9L 水，相对来说比较费水。

现代便器在可以做到舒适、方便、美观、卫生和低噪声的基础上，用水量由最初的 13～19L/次减少到现在的 6L/次，甚至更少。目前大部分冲水便器均使用优质的自来水，这是一种很大的水资源浪费。冲水便器仅仅是用水作运输介质，对水质的要求不高，应尽量创造条件使用中水。

(3) 洗衣机用水

洗衣机是生活中普及率较高的用水器具，使用率很高，耗水量很大。我国生产和使用的洗衣机主要有波轮式和滚筒式两类，两者各有利弊。滚筒式较波轮式大约省水 50%，但费电增加 1 倍；波轮式洗净度较高，但用水量太大，对衣物也有较大磨损。

(4) 洗碗机用水

洗碗机使人们不再为饭后的洗碗犯难，解脱了部分体力劳动。但洗碗机要比人工洗涤用水多，而且洗碗机很难适应洗涤我国家庭的所有锅、碗、瓢、盆。因此，虽然在我国已经问世多年，洗碗机一直没有普及。在目前水资源紧缺的情况下，不宜提倡发展使用这种用水器具。

(5) 淋/沐浴用水

据粗略估计，洗浴要占城镇人口生活用水的 1/3。最基本的洗浴方式是淋浴。简单淋浴喷头方便卫生。研究显示，能够达到基本舒适淋浴的最少水量是 7～9L/min。但根据实际测量，一些宾馆饭店的淋浴喷头达到 25～30L/min。人们追求舒适的洗浴方式，带有多个横向喷头的沐浴浴盆（池）就应运而生。浴盆沐浴较一般淋浴多消耗数倍的水，在水资源短缺的地区不应该提倡推广。

10.1.2 用水单元能耗

水输送到室内后，部分在使用前需要加热、冷却、存储或者净化，这些活动会消耗一些能量。与终端用水相关的能耗分为三类：加热、附加泵、间接能（非直接嵌入终端用水而使用的能量）（表 10-1）。电能和天然气为室内主要使用的能源。

不同类别不同场合终端用水单元的能耗差别很大。根据太平洋研究所和美国自然资源保护委员会关于终端用水能耗方面的研究，几种常见的商业终端用水单元能耗范围为 $2.1 \times 10^4 \sim 2.1 \times 10^5$（kW·h）/MG（表 10-2）（Griffiths-Sattenspiel and Wilson，2009）。用于冷却、工艺用水和植被清洁方面的工业终端用水也很重要，但由于缺乏数据未列入表 10-2 中。

表 10-1 能耗类别与终端水用户
Table 10-1　Types of energy embedded in water at end-use

能耗类型	终端水用户
加热	沐浴或淋浴、水龙头、洗衣机、洗碗机、工业过程
附加泵	冷却塔、循环热水、洗车或高压喷涂、高层建筑增压、灌溉增压或河运农场起重机
间接能	制冷式空调压缩机的能量

表 10-2 商业终端用水能耗
Table 10-2　Energy embedded in water at commercial end-use

用水单元	能源强度[(kW·h)/MG]
厨房洗碗机	8.35×10^4
预冲洗喷嘴	2.10×10^4
洗衣店	3.58×10^4
水冷式冷水机组	2.08×10^5

居民终端用水单元能耗主要考虑需要加热部分。首先需要调查居民终端用水单元热水的使用比例，再根据用水量和单位水加热所需能耗［如将水从 13℃加热到 54℃的能耗为 0.204 (kW·h)/MG］可计算出终端用水的能耗。根据 Griffiths-Sattenspiel 和 Wilson（2009）的估算，仅考虑水加热情况下几种常见居民终端用水单元能耗范围为 $5.7 \times 10^4 \sim 2.0 \times 10^5$ (kW·h)/MG（表 10-3）。如果其他能耗也考虑在内，能耗数值会更高。

表 10-3 居民终端用水单元能耗
Table 10-3　Energy embedded in water at residential end-use

用水单元	热水（%）	能源强度[(kW·h)/MG]
沐浴	78.2	1.59×10^5
洗衣机	27.8	5.66×10^4
洗碗机	100	2.04×10^5
水龙头	72.7	1.48×10^5
淋浴	73.1	1.49×10^5

与城市水循环的其他五个阶段相比，终端用水阶段具有较大的节水节能潜力，因为终端用水阶段可以在"上游"和"下游"两处都节能："上游"是指节省供水阶段的能耗，"下游"是指节省污水处理阶段的能耗。

10.1.3　能耗与碳排放估算

本节主要考虑终端用水内嵌碳排放和加热过程能耗的碳排放，不考虑制冷、增压的碳排放。因此，终端用水的碳排放包括两个部分：冷水部分的碳排放和加热部分的碳排放。

（1）计算方法

对于冷水而言，其碳排放的计算将归入供水和水处理系统，计算方法见第 8 章与第 9 章，在此不展开介绍。

在终端用水的加热中，除了洗手间，其他基本组成部分均会使用冷水及热水，而热水需要能量来加热。这种能量的消耗取决于使用的水的体积以及冷水和热水之间的温度差，具体能耗公式如下：

$$E = \frac{mc\Delta T}{3.6 \times 10^6 \times \eta} \tag{10-1}$$

式中，E 为能耗（kW·h）；m 为所用水的质量（kg）；c 为水的比热容［4190J/（kg·℃）］；ΔT 为水温的变化（℃）；η 为加热系统的效率。常量 3.6×10^6 为 kW·h 与 J 的转换系数。

碳排放计算公式如下：

$$CO_2 = \sum_i (E_i \times EF_i) \tag{10-2}$$

式中，CO_2 为 CO_2 排放量（kg）；EF_i 为第 i 种能源的 CO_2 排放因子［kg CO_2/（kW·h）］。电能和天然气为室内主要使用的能源。

因此，对于终端用水中热水的使用，其碳排放为根据式（10-1）和式（10-2）计算出的 CO_2 加上源于供水和水处理系统的碳排放。

（2）案例分析

以英国一个四口之家为例，假设家庭的终端用水特征见表 10-4，只考虑终端用水的加热部分，不考虑其内嵌碳排放。假定冷、热水的使用比例为 1:1，冷水水温为 20℃，加热效率 η 为 50%；假设所有的能耗均来源于电能，电能的

表 10-4　家庭终端用水的特征

Table 10-4　Characteristics of water end-use at home

基本组成部分	用水特征 （L/次）	持续时间 （min/次）	使用频率 ［次/（人·天）］	用水量 ［L/（人·天）］	使用水温 （℃）	热水量 （kg/d）
洗手间	9.5	0.67	4.8	45.6	20	
淋浴	3.4	5.0	0.6	2.04	40	4.08
沐浴	150.0	10.0	0.4	60	40	120
面盆水龙头	3.0	0.67	7.2	21.6	40	43.2
厨房水龙头	5.0	0.67	7.2	36	40	72
洗衣机	92.0	30	0.31	28.52	40	57.04
洗碗机	8.0	5	0.28	2.24	50	4.48

CO_2 排放因子 EF 取 $0.997kg\ CO_2/(kW \cdot h)$。

根据式（10-1）与式（10-2），该家庭在终端用水加热方面所排放的碳为

$$CO_2 = \sum_i E_i \times EF = \sum_i \frac{m_i c \Delta T}{3.6 \times 10^6 \times \eta} \times EF = 13.96kg\ CO_2 \quad (10\text{-}3)$$

从以上结果可以看出，一个普通的家庭，仅仅是在终端用水的加热方面，每天都会排放大量的碳。因此对于终端用水来讲，节约用水可以有效地减少碳排放。

10.2 建筑中水回用与碳排放

10.2.1 中水的用途与水质要求

"中水"是指水质介于上水（饮用水）和下水（污水）之间的一种可用水，与其相关的概念还有灰水、再生水和回用水等。"灰水"是指建筑内浴缸、淋浴和洗涤池中的污水以及其他水质相对较好的污水。建筑中水是指把民用建筑或建筑小区内的灰水收集起来，经过处理达到一定的水质标准并可回用的水。

建筑中水原水的选取需要满足一定的条件：有一定的水量，且水量稳定可靠；原水污染较轻，易于处理和回用；原水易于收集和集流；原水本身和经处理回用后对人体、中水用水器具、环境无害；原水处理过程中不产生严重污染等。根据建筑中水原水的选择，按其污染轻重顺序依次为盆浴和淋浴等的排水、盥洗排水、空调循环冷却系统排污水、冷凝水、游泳池排污水、洗衣排水。

建筑小区中水主要有以下几方面用途：冲厕用水、绿化用水、浇洒道路用水、水景补充用水、消防用水、汽车冲洗用水、小区环境用水和空调冷却水补充。

中水水质的基本要求是：满足卫生要求，保证用水的安全性，相关指标有大肠杆菌数、细菌总数、余氯量、悬浮物、生物需氧量、化学需氧量等；满足感官要求，人们的感觉器官不应有不快的感觉，相关指标有浊度、色度和嗅味等；满足设备和管道的使用要求，中水中的 pH、硬度、蒸发残渣、溶解性物质是保证设备和管道使用要求的指标，可使管道和设备不腐蚀、不结垢、不堵塞等。

根据我国 2003 年实施的《建筑中水设计规范（GB50336—2002）》，中水用作建筑杂用水和城市杂用水，如冲厕、道路清扫、消防、城市绿化、车辆冲洗、建筑施工等杂用，其水质应符合国家标准《城市污水再生利用 城市杂用水水质（GB/T 18920）》的规定。

10.2.2 建筑中水处理与回用系统

建筑中水处理与回用系统是指单体建筑、局部建筑群或小规模区域性的建筑

小区各种排水经适当处理，循环回用于原建筑作为杂用的系统。

中水系统一般由收集、处理和供应三部分构成。收集系统包括收集、输送中水原水到中水处理设施的管道系统和相关的附属构筑物；处理系统包括中水处理设备和相关构筑物；供水系统包括把中水从水处理站输送到各个用水点的管道系统、输送设备和相关构筑物。实行中水回用的建筑或小区，其建筑内和外都应设置中水管网以及增压贮水设备。增压贮水设备有高架中水贮存池、中水高位水箱、水泵或气压供水设备等。

按照中水处理和利用方式，建筑中水系统可以划分为以下类型。

（1）直接回用系统

将灰水收集后不处理直接回用，如冷却洗浴后的污水可以被直接用于花园的灌溉。要求中水存储时间不能太长，以降低中水的细菌数量，避免水质恶化。这种系统的水质较差，一般不用于建筑内的冲厕。

（2）短暂停留系统

在灰水存储容器中进行简单的处理，如沉淀悬浮物、过滤表面污染物等。可用作建筑内的冲厕用水。这种系统一般直接安装在污水产生的房间内，省去了污水收集管网的建设，如图 10-1 所示。

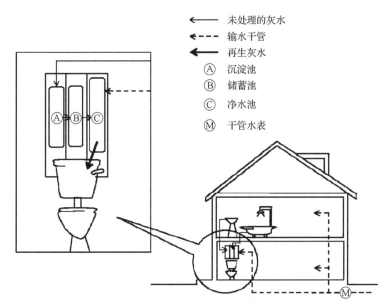

图 10-1　短暂停留系统示意图

Figure 10-1　Short retention systems schematic

注：修改自 Parkes 等（2010）中 Figure 3。

(3) 基本的物理和化学处理系统

这是最常用的建筑灰水回用系统。灰水经过滤除去水中的碎片和颗粒物，然后在存储池中投入化学消毒剂阻止细菌的生长。系统的缺点在于：化学消毒剂对环境产生不利影响，增加了投加化学品和系统维护的费用。

(4) 生物处理系统

处理过程包括沉淀、过滤、生物消化（利用生物细菌来处理灰水中的有机化学物质）（图 10-2）。系统的缺点在于：蒸发、植物截留和过滤导致处理后的中水水量减少。

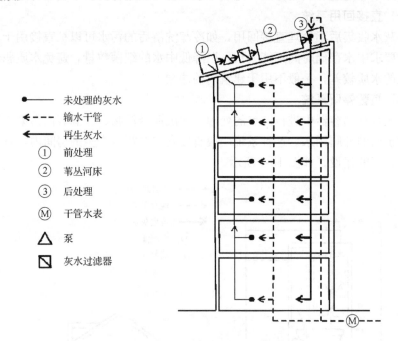

图 10-2　生物处理系统示意图

Figure 10-2　Biological systems schematic

注：修改自 Parkes 等（2010）中 Figure 4。

(5) 生物-机械处理系统

利用自动清洗过滤和膜生物技术、一系列处理池和生物处理技术处理灰水，最后一步是紫外消毒，除去剩余的细菌。这种系统通常较易到达非饮用水的水质标准，如图 10-3 所示。

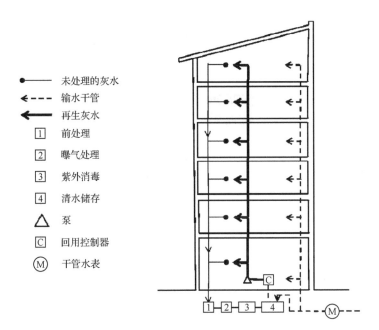

未处理的灰水
输水干管
再生灰水
1 前处理
2 曝气处理
3 紫外消毒
4 清水储存
泵
C 回用控制器
M 干管水表

图 10-3 生物-机械处理系统示意图

Figure 10-3 Bio-mechanical systems schematic

注：修改自 Parkes 等（2010）中 Figure 5。

10.2.3 建筑中水回用的碳排放分析

本节主要考虑两个方面的问题：第一，建筑中水回用的碳排放；第二，建筑中水回用对水系统碳排放的影响。

（1）建筑中水回用的碳排放

本节将建筑中水回用的碳排放研究边界限定在建筑小区内的灰水收集系统、中水处理系统和中水供水系统。中水供水系统包括中水管网和增压贮水设备（图 10-4）。

与再生水厂污水回用碳排放计算方法相同，建筑中水回用的活动也包括材料生产、材料运输、设备运行、能源生产四个部分，具体的碳排放包含以下几个方面。

1）材料生产。在建设阶段，建设灰水收集系统、中水处理系统、中水管网和增压贮水设备需要建筑材料、管材和相关仪表设备等；在运行阶段，中水处理需要使用药剂。生产这些材料所需的碳排放归类到材料生产的碳排放中。

2）材料运输。材料运输活动的碳排放指将材料从出产地运送到相应的目的

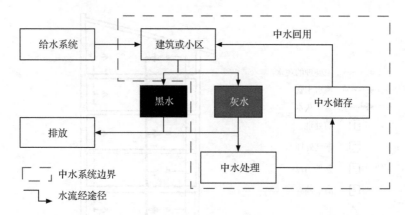

图 10-4　建筑中水系统的碳排放研究边界

Figure 10-4　Boundary of study on carbon emissions of buildingpotable reclaimed water system

地，运输过程中能源消耗所产生的直接碳排放。

3）设备运行。设备运行活动的碳排放，主要是指中水处理过程中生化反应产生的温室气体，以及水泵等相关设备运行时消耗能量所产生的直接碳排放。

4）能源生产。能源生产活动的碳排放，主要是指设施建设过程、材料运输过程、中水处理过程、增压配水过程等消耗的能源在其生产过程中的碳排放。能源消耗包括在各个阶段的电力消耗，如水泵、增压设备运行等，也包括汽油、柴油等能源消耗，如运输过程汽车对汽油、柴油的消耗。

（2）建筑中水回用对水系统碳排放的影响

建筑中水回用减少了对原有供水的需求量，进而减少城市供水系统中从取水到净水阶段的碳排放。与污水处理厂再生水回用碳排放分析（见 9.4.3 节）不同的是，建筑中水回用还减少了城市排水和污水处理阶段的碳排放。因此，建筑中水回用节约的碳排放可以根据供水需求的减少量、供水系统单位取水和水处理的碳排放、城市污水减少量、排水系统单位污水输送碳排放和污水处理系统单位污水处理碳排放进行计算，即

中水回用节约的碳排放＝城市供水需求的减少量×（单位取水碳排放＋单位水处理碳排放）＋城市污水减少量×（单位污水输送碳排放＋单位污水处理碳排放）。

10.3　建筑雨水利用与碳排放

10.3.1　建筑雨水的水量分析

近二十年来，城市雨水利用得到迅速发展，世界各地先后掀起了雨水利用热

潮。国外发达国家城市已建立较完善的雨水蓄积、回灌和利用系统。德国柏林 Potsdamer 广场 Daimlerchrysler 区域的城市水体工程，建有绿色屋顶 4 万 m^2，年收集屋面雨水量 2.3 万 m^3，收集的雨水主要用于冲洗厕所和浇灌绿地（包括屋顶花园）。日本江户东京博物馆构建了一个 2500m^3 的地下雨水池，可以收集 1 万 m^2 屋面的雨水，由于收集的雨水水质很好，经砂滤后可作为博物馆的冲厕、消防、空调、冲洗地面用水。该博物馆雨水用水量占全部用水量的 67%～73%。英国的泰晤士河水公司设计了伦敦世纪圆顶雨水收集利用工程，从屋顶收集的雨水可以满足建筑物内每天 100 m^3 冲厕用水的需要。

建筑雨水的可收集量主要受降雨量和时间分布、有效集水面积等因素影响，而实际供水量还要取决于蓄水池的容积。

（1）屋面雨水集水量

降雨具有突发性，大小不可控制，总量不稳定。雨水利用量的估算是各种雨水设施参数设计的基础。雨水利用量可以利用年降雨量计算：

$$Q = \varphi \alpha \beta A H \times 10^{-3} \tag{10-4}$$

式中，Q 为年雨水利用量（m^3）；φ 为径流系数，屋顶通常采用 0.9～1.0；α 为季节折减系数，受当地气候、季节等因素影响；β 为初期雨水弃流折减系数，根据不同径流表面和径流水质污染情况等综合确定，如北京城区屋面可取 0.87；A 为屋面面积（m^2）；H 为年平均降雨量（mm）。

一般而言，初期雨水的水质较差，含有大量的有机物、病原体、重金属、油脂、悬浮固体等；随着降雨的持续，雨水流经的表面被不断冲洗，水质逐渐改善并维持相对稳定。因此，直接弃流初期雨水成为雨水收集系统避免水质污染的一个简单方法。确定初期雨水弃流量或弃流时间是估算雨水利用量的关键之一。在欧洲普遍认为不透水性汇水面上 1.5～4.0mm 的雨水径流含有某些污染物总量的 90%；日本有研究表明屋面雨水的收集利用可按 1mm 的弃流量控制；对美国得克萨斯州奥斯汀市的研究结果表明，屋面雨水的弃流量为 0.4～0.8mm；北京和上海的统计资料表明，降雨量达到 2mm 径流后水质基本趋向稳定；我国《建筑与小区雨水利用工程技术规范（GB50400—2006）》建议以初期 2～3mm 降雨径流为界，将径流区分为初期径流和持续期径流。

（2）雨水需水量

在未经过妥善处理前（如消毒等），雨水一般用于替代不与人体接触的用水（如浇灌花木等）；也可将所收集的雨水，经处理、储存并提升至顶楼的水塔，供冲厕使用。雨水还可作为空调冷却水、景观用水等。此外，雨水经处理消毒后也可作为饮用水。

各类需水量的估算方法如下。

1）景观水体补水量根据当地水面蒸发量和水体渗透量综合确定。水面蒸发量与降水、气温等气象因素有关；渗透包括水体底面及侧面的土壤渗透。

2）最高日冲厕用水定额按照现行国家标准《建筑给水排水设计规范（GB—50015)》中的最高日用水定额及用水百分率计算确定。根据标准的规定，各类建筑物冲厕用水占日用水定额的百分率分别为：住宅21%，宾馆饭店10%~14%，办公楼教学楼60%~66%，公共浴室2%~5%，餐饮业5%~6.7%。

3）中央空调循环冷却水的补充水量因影响因素较多，一般设计时按1%~1.6%的冷却塔总循环水量计算，总循环水量可按下式计算：

$$W = \frac{Q}{c} \times (t_{w1} - t_{w2}) \tag{10-5}$$

式中，W 为总循环水量（kg/s）；Q 为冷却塔排走的热量（kW），需要专业软件计算的冷负荷确定；c 为水的比热，取 4.19kJ/(kg·℃)；$(t_{w1} - t_{w2})$ 为冷却塔进出水温差，按5℃计。冷却塔补水量按总循环水量的1.5%计，计算出月平均冷却塔补水量。

(3) 雨水储存池与水量平衡

雨水储存池是雨水收集系统的终点、处理系统的起点，起到承上启下的作用。在大多数雨水利用项目中，储存池的位置、大小、结构和运行管理问题是影响系统工作的重要因素。我国《建筑与小区雨水利用工程技术规范（GB50400—2006)》7.1.3 条规定：收集回用系统应设置雨水储存设施。雨水储存设施的有效蓄水容积不宜小于集水面重现期1~2年的日雨水设计径流总量扣除设计初期径流弃流量。

雨水存储池的水量与雨水收集量和用水量存在如下平衡关系：

$$V_{\text{tank},t} = V_{\text{tank},t-1} + V_{\text{rain},t} - V_{\text{initial},t} - V_{\text{overflow},t} + V_{\text{supplement},t} - V_{\text{use},t} \tag{10-6}$$

式中，$V_{\text{tank},t}$ 和 $V_{\text{tank},t-1}$ 分别为第 t 天和第 $t-1$ 天雨水存储池剩余的水量（m³）；$V_{\text{rain},t}$、$V_{\text{initial},t}$ 和 $V_{\text{overflow},t}$ 分别为第 t 天雨水集水量、初期径流弃流量和存储池溢流量（m³）；$V_{\text{supplement},t}$ 和 $V_{\text{use},t}$ 分别为第 t 天向存储池补充的自来水量和实际用水量（m³）。

假设雨水储存设施的最大有效蓄水容积为 V_{max}，则 $V_{\text{tank},t} \leq V_{\text{max}}$。当雨水收集量较大时，存储池将发生溢流，这时 $V_{\text{overflow},t} > 0$；当雨水收集量较小，存储池水量不足以满足用水需求时，需向存储池补充自来水，这时 $V_{\text{supplement},t} > 0$。在实际应用中，可根据式（10-6)，综合考虑降雨量和时间分布、有效集水面积、需水量、蓄水池占地需求、建筑雨水系统建设和运行成本、自来水成本等因素，优化蓄水池的效蓄水容积。

10.3.2 建筑雨水的水质分析

(1) 雨水水质特征

雨水受到污染主要有四种途径：①下雨期，雨水经过大气层受到污染（湿沉降）；②无雨期，大气污染物沉降到集水区表面（干沉降）；③雨水系统各组成部分表面的物理或化学反应，如屋面或蓄水池表面物质的剥落或溶出；④鸟类或动物的粪便堆积在屋顶，当雨水产生径流时就会受到污染。前三种途径影响了雨水的物理或化学特征，最后一种途径影响了雨水的微生物含量。

大多数研究已经在收集到的雨水中发现化学物质或者微生物等污染物。而且已经发现的污染物的浓度水平通常超过了国际或国家的安全饮用水标准。Simmons 等（2001）的报告指出，在新西兰的 125 个家用屋面雨水收集系统收集到的屋面雨水中，重金属水平超过了新西兰的饮用水水质标准，如铅超出 14%、铜超出 2%、锌超出 1%。在澳大利亚，屋面雨水中重金属的含量超过了世界卫生组织（WHO）的饮用水标准（Gromaire et al., 2001）。在德国，屋面径流中锌的浓度是废水中锌最大允许浓度的 9 倍（Quek and Forster，1993）。

(2) 雨水利用的水质需求

目前没有明确的关于雨水利用的水质标准。我国《建筑与小区雨水利用工程技术规范》在确定处理后的雨水水质要求时，参考了现行的相关标准，如《地表水环境质量标准（GB3838—2002）》、《城市污水再生利用 城市杂用水水质（GB/T18920—2002）》、《城市污水再生利用 景观环境用水水质（GB/18921—2002）》等。用途不同对处理后雨水水质的要求也不同。景观灌溉、冲厕、空调冷却水等用途的水质标准见表 10-5。

(3) 雨水处理

监测数据显示，屋面初期雨水径流污染最为严重，水质混浊，色度大。主要污染物为 COD、SS，总氮、总磷、重金属、无机盐等，污染物浓度则较低。随着降雨时间的延长，污染物浓度逐渐下降，色度也随之降低。因此，目前各国的做法是在屋顶集雨系统中设初期雨水分流装置，将污染较严重的初期降雨排除。雨水净化是将收集到管网末端的雨水或储存池中的雨水集中进行物理化学或者生物处理，去除雨水中的污染物。由于雨水的水量和水质变化大，且雨水的可生化性较差，一般采用物理处理法。

屋面雨水水质处理根据原水水质可选择下列工艺流程：

1）屋面雨水—初期径流弃流—景观水体；

2）屋面雨水—初期径流弃流—雨水蓄水池沉淀—消毒—雨水清水池；

3）屋面雨水—初期径流弃流—雨水蓄水池沉淀—过滤—消毒—雨水清水池。

表 10-5　雨水利用的水质标准

Table 10-5　Water quality standards for rainwater utilization

项目指标	观赏性水景	娱乐性水景	绿化	冲厕	空调冷却水*
化学需氧量（mg/L）≤	30	20	30	30	—
悬浮物（mg/L）≤	10	5	10	10	—
浊度（NTU）≤	—	5	10	5	50（FNU）
氨氮（mg/L）≤	5（以 N 记）			2	5
pH	6.0～9.0				6.5～8.5
色度	30				—
铁（mg/L）≤	—	—	—	0.3	0.1
电导率（μS/cm，25℃）≤	—	—	—	—	2500

注：＊《中央空调循环水及循环冷却水水质标准 DB44/T115—2000》；NTU：散射浊度单位，用于 USEPA 的《方法 180.1》和《水和废水标准检验法》；FNU：福尔马井散射法单位，用于欧洲的 ISO7027 浊度方法。

屋面雨水水质处理核心装置及其作用如下。

1）放置屏蔽装置：在排水沟和落水管的位置放置屏风和过滤器，防止树叶或其他残骸进入储水箱。

2）沉淀作用和活性炭吸附作用：在储水箱内沉淀去除悬浮颗粒物；在水进入水龙头前，经过活性炭清除氯。

3）过滤作用：在屋顶安置洗涤器，清除悬浮颗粒物。

4）微生物处理或消毒：加氯消毒、紫外光消毒、臭氧消毒、反渗透技术。

屋面雨水常规处理工艺如图 10-5 所示。

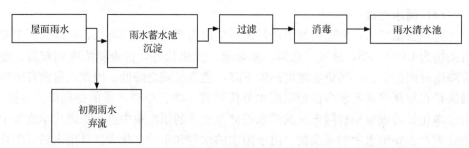

图 10-5　雨水常规处理工艺图

Figure 10-5　Conventional treatment process for rainwater utilization

10.3.3　建筑雨水系统

（1）建筑雨水系统的类型

城市建筑雨水的收集利用已发展成为一种多目标的综合性技术。雨水收集回用系统的两大最基本的功能是：收集和储存雨水；将储存的雨水运输到用户终端。作为非饮用水用途时，只需在注入蓄水池前将雨水过滤即可；作为饮用水用途时，雨水还需要经过氯消毒或者紫外线消毒等处理措施。本节主要介绍作为非饮用水用途的雨水集蓄系统。英国的雨水收集系统标准（BS 8515—2009）将建筑雨水系统分为三类。

1）直接供水系统：该系统通过泵将储蓄罐中的雨水抽送到终端用户。潜水泵通常放置在主储蓄罐内部或外部，也可以放置在建筑第一层楼或地下室的一个小的二次储蓄罐中。当雨水量不足时，自来水补给系统会向储蓄罐提供自来水（图 10-6）。

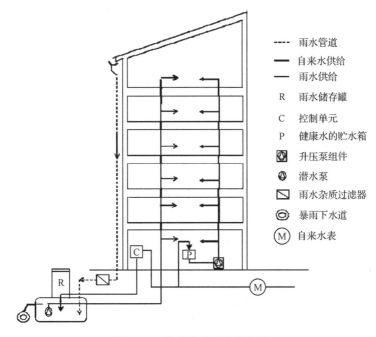

图 10-6　直接供水系统结构图

Figure 10-6　Direct water supply system schematic

注：修改自 Parkes 等（2010）中 Figure2。

2）集水箱系统：该系统使用了一个集水箱，集水箱通常放置在屋顶上。系统先用泵把雨水抽到集水箱中，然后在重力的作用下给用户供水。集水箱控制系统通常可以自动排水，当雨水量不足时，自来水补给系统可向集水箱补给自来水。

3）重力输送系统：自流输送系统包括一个在地面的储水罐（通常放置在建筑外面，其位置要高出用水点，这样可以使收集到的雨水在重力的作用下输送给用户）。这种系统不需要泵或其他控制系统。这类系统的储水容积较小，供水量也有限制。

（2）建筑雨水系统的组成结构

1）集水区表面。住宅或建筑的屋顶是雨水的集水面。一般来讲，收集过程中的雨水损失可根据径流系数确定。根据我国《建筑与小区雨水利用工程技术规范（GB50400—2006)》，不同屋顶及系统类型径流系数的取值范围见表 10-6。屋顶的材质对雨水的水质有很大影响。屋面表面应采用对雨水无污染或污染较小的材料，不宜采用沥青或沥青油毡，有条件时可采用种植屋面。

表 10-6 屋顶的径流系数

Table 10-6 Runoff coefficient of rooftops

屋顶及系统类型	径流系数
由砖瓦覆盖的斜屋顶（全流型）	0.9～1.00
由砖瓦覆盖的斜屋顶（分流型）	0.75～0.95
由不透水薄膜覆盖的平屋顶	0～0.5
绿化平屋顶（包括植被和生长介质）	0～0.5

2）输水系统（排水沟和落水管）。屋顶的雨水在排水沟汇集，通过落水管将其引致储水箱内。对于饮用水系统，不能使用铅来进行排水沟的焊接，雨水的弱酸性水质可能会使材料中的铅溶解，致使水质受到污染。

3）截污系统（初期雨水分流器）。初期雨水分流器可以将初期的雨水截走，避免其进入储水箱。初雨分流装置有自动排除和人工操作两种方式。后者通常是在落水管下端接一分流管，分流管上设排污阀。降雨开始时将排污阀打开，使初雨经落水管、分流管、排污阀和排污沟顺利排除，当分流管排出的水由浊变清后，关闭排污阀让雨水自流入蓄水池中。然而，要分流多少体积的初期雨水并没有定论。雨前干旱时间、屋顶碎屑的量和类型、屋顶表面的材质、季节等都是需要考虑的因素。

4）储存系统（蓄水池）。雨水收集利用系统都包括一个可以从屋面收集雨水的储水箱。储水箱的材质主要有钢筋混凝土、玻璃纤维、聚乙烯等几种。储水箱可以全部或部分放置在地下，也可以放在地表面或放在建筑内部，常常是放在地下室或者第一层的机械设备间内。雨水蓄水池因位于不同的位置而具有不同的特点：雨水蓄水池位于屋面上时，比较节省能量，不需要给水加压，维护管理也较方便；雨水蓄水池位于地面时，最大的优点是维护管理较方便；雨水蓄水池位于地下室内时，这种结构适合于大规模的建筑，能够充分利用地下空间和基础。

5）处理或净化系统。用于非饮用水的雨水在注入蓄水池之前一般只需经过过滤处理。Leggett 等（2001）提出了一系列的过滤器类型，包括网式过滤器、横流式过滤器、滤筒、慢沙滤器、快沙滤器及活性炭过滤器。为了避免堵塞和频繁的维修，一般不推荐使用太细的过滤装置。例如，德国推荐使用渗透率为0.2～1.00mm 的横流式过滤器或者网式过滤器。

10.3.4 建筑雨水利用的碳排放分析

本节主要考虑两个方面的问题：第一，建筑雨水利用的碳排放；第二，建筑雨水利用对水系统碳排放的影响。

（1）建筑雨水利用的碳排放

建筑雨水利用的碳排放包括系统建设阶段的材料生产、材料运输和系统设备维护所造成的碳排放，总称为隐含碳排放。

1）材料生产。系统建设阶段的材料生产主要包括雨水蓄水池、管道、过滤器、泵和控制系统的生产，其中雨水蓄水池的大小需要根据降雨量和建筑的需水量进行确定。

2）材料运输。材料运输过程的碳排放包括运输雨水蓄水池、管道、过滤器、泵和控制系统等设备产生的碳排放。

3）系统设备维护。系统设备维护所产生的碳排放指更换过滤器和泵、定期维护控制系统等产生的碳排放。

建筑雨水利用碳排放还包括系统运行期的碳排放，主要包括供水泵和水处理系统的运行产生的碳排放，如用泵将储水罐中的水输送到用户终端产生的碳排放，过滤及消毒过程产生的碳排放等。

（2）建筑雨水利用对水系统碳排放的影响

若与自来水系统相比，还应考虑由于雨水利用系统抵消了部分自来水而减少的碳排放。

根据以上分析，雨水利用系统的碳排放可以通过下式进行计算：

$$C = C_e + C_o - C_m \tag{10-7}$$

式中，C 为雨水利用系统的碳排放；C_e 为隐含碳排放；C_o 为系统运行期碳排放；C_m 为自来水需求减少抵消的碳排放。

雨水利用系统的隐含碳排放主要包括材料生产、材料运输和系统设备维护几部分过程产生的碳排放。

$$C_e = C_{manufacturing} + C_{delivery} + C_{maintenance} \qquad (10\text{-}8)$$

$$C_{manufacturing} = C_{unit} \times M \qquad (10\text{-}9)$$

$$C_{delivery} = d_1 \times v \qquad (10\text{-}10)$$

式中，$C_{manufacturing}$ 和 $C_{delivery}$ 分别为材料生产和运输碳排放；$C_{maintenance}$ 为系统设备维护的碳排放；C_{unit} 为材料单位质量的碳排放；M 为材料的质量；d_1 为平均运输距离；v 为车辆排放系数。

隐含碳计算结果的准确性依赖于相关数据的可用性和准确性。一般而言，与材料相关的数据比较容易获取，但是加工方面的数据不容易得到。雨水利用系统应该每年进行简单的检查和维护工作，当系统的部件损坏或失灵需要更换时，额外的运输碳排放就会增加。在英国，雨水利用系统的部件至少五年更换一次。

通常认为一个储水罐的使用寿命可以超过 60 年，但是泵的使用寿命就比较短，根据泵的类型和维护状况，其寿命在 $12\sim15$ 年，当某一组成结构的使用寿命结束时，就会被替换，此时隐含碳排放就会累积增加。

雨水利用系统运行期碳排放主要包括以下几部分：

1) 水分配和水输送的能耗；

2) 生物处理池中曝气造成的能耗；

3) 电控制系统的能耗。

雨水收集系统利用电来运行泵和控制系统。运行期的能耗（主要是泵的能耗）是系统碳足迹的主要组成部分。

$$C_o = (E_{pumping} + E_{treatment}) \times \delta \qquad (10\text{-}11)$$

式中，C_o 为系统运行期碳排放；$E_{pumping}$ 为泵的能耗；$E_{treatment}$ 为水处理系统的能耗；δ 为电力排放系数。运行期碳排放计算的准确性依赖于对泵和水处理过程用电量估算的准确性上。

雨水利用系统抵消了部分自来水而减少的碳排放可通过下式计算：

$$C_m = R_w \times \alpha \qquad (10\text{-}12)$$

式中，C_m 为自来水需求减少抵消的碳排放；R_w 为减少的自来水需求量；α 为输送单位水量所释放的碳。节约的这部分碳计算的准确性依赖于从自来水厂收集到的关于碳排放数据的准确性。

(3) 案例分析

在英国威尔士，一个家庭使用的典型雨水储存罐尺寸主要根据以下的假设确定：年平均降雨量 1400mm；建筑占地（屋面面积）为 $50m^2$；家庭非饮用水需水量为 150L/d。在系统使用的整个生命周期过程中，随着维护、维修和更换零件等活动的需要，系统的隐含碳也会随着增加。埋在地下的大型储水罐在使用的 30 年间被认为是不需要更换的；然而，暴露在环境中的较小的储水罐（100L 和 300L），在这个时间段内可能需要更换（Parkes et al.，2010）。

根据实践经验，储水罐的大小为年平均降雨量的 5%，大约为 2300L。根据日降雨量和日需水量，储水罐的大小可以优化到 1500L。由于不同国家的气候条件和需水情况不同，该经验数值只能作为参考，应根据地区的实际情况进行调整。

可假设小型雨水罐的平均生命周期为 15 年，过了 15 年就要进行更换，则其隐含碳排放随之增加。根据以上假设，本书分别计算了 50m² 住宅 15 年和 30 年的全生命周期碳排放（表 10-7）。

表 10-7　50m² 住宅的全生命周期碳排放计算

Table 10-7　Estimated life cycle carbon emissions of a house with an area of 50 m²

项目		使用 15 年				使用 30 年			
储水罐大小（L）		100	300	1500	2300	100	300	1500	2300
雨水收集总量（m³）		225	405	585	630	450	810	1170	1260
隐含碳（kg CO_2）	管道、泵、控制系统	140	140	619	619	200	200	958	958
	储水罐	8	24	254	406	16	48	254	406
运行期碳排放（kg CO_2）	普通泵	—	—	495	555	—	—	990	1110
	低功率泵	—	—	129	140	—	—	258	279
总的碳排放（kg CO_2）	重力输送系统	148	164	—	—	216	248	—	—
	普通泵	—	—	1368	1580	—	—	2202	2474
	低功率泵	—	—	1002	1165	—	—	1470	1643
雨水收集系统的碳排放强度（kg CO_2/m³）	重力输送系统	0.66	0.40	—	—	0.48	0.31	—	—
	普通泵	—	—	2.34	2.51	—	—	1.88	1.96
	低功率泵	—	—	1.71	1.85	—	—	1.26	1.30

表 10-7 中的数据考虑到了挖掘、系统安装、泵的维护和运行、过滤装置的维护和更换等。在该案例中，重力输送系统（储水罐大小为 100～300L 的系统）的碳排放强度最小，这是因为较小的储水罐直接放在室外的环境中，不需要通过挖掘将其埋在地下，同时该系统不需要用泵来进行水的输送，雨水在重力的作用下输送给用户；低功率泵系统的碳排放强度小于普通泵系统的碳排放强度，主要区别在于运行期的碳排放。

参 考 文 献

Griffiths-Sattenspiel B，Wilson W. 2009. The carbon footprint of water. Portland：River Network.

Gromaire M C，Garnaud S，Saad M，et al. 2001. Contribution of different sources to the pollution of wet weather flows in combined sewers. Water Research，35（2）：521-533.

Leggett D J, Brown R, et al. 2001. Rainwater and Greywater Use in Buildings: Decision-making for Water Conservation. London: CIRIA.

Parkes C, Kershaw H, Hart J, et al. 2010. Energy and carbon implications of rainwater harvesting and greywater recycling. Environment Agency, Almondsbury, SC090018.

Quek U, Forster J. 1993. Trace metals in roof runoff. Water Air Soil Pollut, 68: 373-389.

Simmons G, Hope V, et al. 2001. Contamination of portable roof-collected rainwater in Auckland, New Zealand. Water Res. , 35 (6): 1518-1524.

| 第 11 章 |　　雨洪系统与碳排放

Chapter 11　Stormwater System and Carbon Emissions

与暴雨径流相关的城市地区面源污染和内涝问题，主要通过城市雨洪系统来解决。本章主要讨论与雨洪系统相关的碳排放。

11.1　与碳排放相关的排水活动与阶段

城市面源污染防治的主要措施为初期雨水截流和处理。在城市化过程中，随着不透水地面增加，降雨径流增大、汇流时间缩短、峰值流量增大，造成城市内涝风险加大。对于城市低洼地带产生的内涝，传统解决方法是通过设立排涝泵站来降低风险。

本章以截流式分流制排水系统的雨水管网为对象，分析雨洪系统碳排放的规律。系统研究的边界设定为汇水区雨水管网、排涝泵站、限流井、初期雨水截流管、截流泵站、调蓄池、污水处理厂和其他相关辅助设施等（图 11-1）。

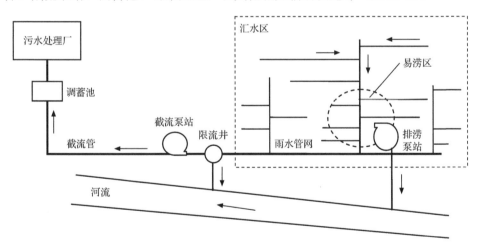

图 11-1　雨洪系统碳排放的研究边界

Figure 11-1　Boundary of study on carbon emissions of stormwater system

城市雨洪系统的生命周期同样可以划分为建设、运行、日常维护和废弃回收等阶段。每一阶段的活动都会产生相应的碳排放。

建设阶段的碳排放主要来自于建筑材料生产、运输和现场施工等活动。雨水排水系统的建筑材料包括建设厂房、泵站、管网及其附属构筑物所需的管材、水泥、砂石、钢筋等。

运行阶段的碳排放一方面来自于初期雨水的截流和输送；另一方面来自于排涝活动。降雨过程中，汇水区径流经地表汇入排水管网，一定量的初期径流经过限流井后进入截流管，再经雨水泵站或重力自流输送到污水处理厂处理；而超过截流量的径流被直接排入附近河道。当暴雨强度超过设计暴雨强度，进入管网的径流量超过其设计流量，管道发生溢流，并在低洼地区发生内涝。目前，为快速解决城市内涝问题，一般在城市易涝区设置排涝泵站，用水泵把积水抽到离溢流发生点最近的河道或渠道。

日常维护的碳排放主要来自于对管渠损坏、裂缝、腐蚀等的维修，以及管渠内清淤、可燃气体和有毒气体的控制等。废弃回收环节中，如 PVC 管、钢管等老化更新，均会产生相应的碳排放。

11.2 城市暴雨径流模拟

雨洪系统运行阶段的碳排放主要取决于暴雨径流过程。为了分析计算系统的碳排放，需要对暴雨径流过程进行模拟。目前，国内外使用的城市暴雨管理模型主要有 SWMM（storm water management model）、Hydroworks、HSPF、DR3M-QUAL、MOUSE、STORM、Wallingford CS 等，其中 SWMM 应用较为广泛。SWMM 由美国环境保护局开发，模型经过多次升级，现已发展到 SWMM Version 5.0。SWMM 在世界范围内广泛应用于城市排水系统的规划、设计和分析。SWMM 可以跟踪模拟汇水区径流的水量和水质的动态变化过程。模型主要包含地表产流汇流过程、地表污染物累积冲刷过程、径流和污染物输送过程三大系统的模拟。

11.2.1 地表径流过程模拟

SWMM 的地表径流系统由产流模块和汇流模块两部分组成（图 11-2）。

(1) 产流模块

SWMM 是综合性的概念模型，可根据下垫面和排水路径，将研究区域概化成多个子汇水区，各子汇水区根据各自的下垫面特性计算产流量，整个研究区域的产流量即为各子汇水区的产流量之和。在 SWMM 模型中，子汇水区根据地表状况可分为三类：①透水地表，满足入渗量和洼蓄量后，才逐渐产流；②有洼蓄量的不透水地表，满足洼蓄量（降雨损失）之后开始产流；③无洼蓄量的不透水

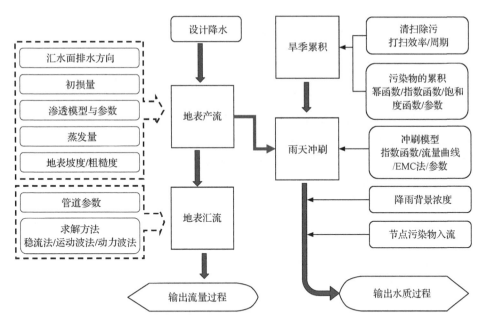

图 11-2　SWMM 模型的原理图

Figure 11-2　Schematic of SWMM model

地表，降雨开始即产流。

　　计算透水地表的入渗量，SWMM 有 Horton 模型、CN 模型和 Green-Ampt 模型三种不同入渗机理的模型可供选择。Horton 模型主要描述的是下渗率随降雨时间变化的关系，适合待定参数少的小流域计算；CN 模型根据反映流域特征的综合参数计算入渗量，虽能反映流域下垫面情况和前期土壤含水量对产流的影响，但是无法反映降雨条件的影响，因此适用于大流域；Green-Ampt 模型计算入渗量时按照土壤非饱与饱和两个过程分别计算，是一种比较精确的计算方法，对土壤资料要求较高。

（2）汇流模块

　　汇流模块通过管网、渠道、蓄水和处理设施、水泵、调节阀等进行水量传输。SWMM 模型采用非线性水库模型模拟降雨径流的汇流过程，通过建立连续方程和曼宁方程求解。模型将每一个子汇水区视为一个非线性水库，非线性水库内的入流主要包括降雨和上游入流；入流的损失主要有蒸发、下渗和径流等；水库的出流则由曼宁公式计算。子汇水区的最大容量即为最大洼蓄量，当降雨深度超过子汇水区的最大洼蓄深度时，子汇水区发生径流。非线性水库模型能较好地反映地表的产流机理，非常适合用于模拟具有多种下垫面特征的城市地表产流。

11.2.2　污染物积累冲刷过程模拟

城市污染物累积冲刷过程可以概括为城市交通、工业、商业、生活和大气沉降等各种非点源产生的颗粒物质，在自然力的相互作用下，沉积在城市地表（包括各种道路、停车场及屋顶等水泥、沥青或其他不透水材料所覆盖的表面以及人工绿地、林地、水面等）。颗粒物及其携带的各种污染物在降雨的冲刷作用下，随降雨径流进入城市雨洪系统（图 11-2）。在整个过程中，还会有为了减少或防止降雨径流污染物排入受纳水体的各种污染控制与管理措施。

(1) 污染物累积模型

地表污染物多以尘埃和颗粒物的方式累积存在。研究证明，各种污染物累积过程与时间成一定关系，当污染物累积达到最大负荷量时，累积量不再有显著增加。SWMM 提供了多种线性或非线性累积曲线以描述污染物的累积过程，包括幂函数累积方程、指数函数累积方程和饱和函数累积方程等。累积模型的详细介绍见 2.5.2 节。

(2) 污染物冲刷模型

冲刷过程是指随降雨径流形成而发生的地表侵蚀和污染物质溶解过程。SWMM 提供了三种冲刷方式以描述污染物冲刷过程，包括指数方程（exponential washoff）、事件平均浓度（event mean concentration）、流量特性冲刷曲线（rating curve washoff）等。冲刷模型的详细介绍见 2.5.3 节。

(3) 街道清扫模型

SWMM 模型可以模拟地表累积物量随着街道清扫呈阶段性减少的现象。清扫频率和清扫效率是街道清扫模型需要输入的两个主要参数，以表征街道清扫去除地表污染物的量，另外，还要输入开始模拟的时刻，距离前一次街道清扫的天数等参数。

11.2.3　传输过程模拟

SWMM 模型可以通过输送模块或扩展输送模块模拟管网和河道中径流和污染物的传输。传输系统的基本单元包括街面雨水进口、雨水管道、天然和人工的明渠、涵洞、蓄水池和出水口等。

(1) 水动力学计算方程

管道中水流的传输一般采用连续方程和动量方程模拟渐变非恒定流，即圣维南方程组。SWMM 中提供了运动波（kinematic wave routing）和动力波（dynamic wave routing）两种方式模拟非恒定水流运动。

运动波模拟采用连续方程和简单的动量方程计算每个管段的水流运动,运动波模型可以模拟管道内水流随时空变化的过程。运动波模型的不足在于无法对回水、逆流和有压流的现象进行计算,且仅限于树状管网的计算。通常,该方法适用于长期的模拟,因为采用较大的时间步长(5min 以上)就可以保证数值计算稳定,实现精确有效的模拟计算。

动力波模型比运动波复杂得多,可以模拟管网的调蓄、汇水、入流和出流损失、逆流和有压流等现象,更适用于多支下游出水管和环状管网。动力波模型必须采用小时间步长进行计算以保持数值计算的稳定,尤其适用于模拟受管道下游的出水堰或出水孔调控而导致的水流受限的回水现象。动力波模型的详细介绍见2.2.4节。

(2)水质计算方程

SWMM 模型采用完全混合一阶衰减模型来进行水质计算,即假定污染物在管网中的形态就如处于连续搅动水箱式反应器(CRTS)中。同样,有调蓄的节点处的模拟原理也是一样;而没有调蓄的节点处,所有进入节点的径流充分混合。

11.2.4 模型构建过程

模型的应用首先需要对实际降雨径流系统进行概化。研究区域可以概化成以水力元素(即子汇水区、边沟和排水管)为表征的一个网状系统来描述排水区域,再以各种各样的参数,如管径、坡度和糙率等,来刻画各个元素的水力特性。在概化的基础上,应用模型中的各模块实现模拟。具体的应用步骤如下。

1)划分流域。将所研究的区域根据实际地形地貌、土地利用情况和区域排水走向进行合理的概化,将其划分成若干个相对独立的子流域。

2)划分子汇水区。依据研究区域管线的铺设、泵站和蓄水池等控制面积,将每个子流域再细化为若干个子汇水区。

3)构建管网。依据研究区域的管线铺设,连接每个子汇水区对应排水口,形成整个排水管网。

4)输入污染物种类。输入所要模拟的污染物及其特性,加入研究区域的土地利用类型及其特性参数。

5)资料的输入。按照模型指定的格式,先输入径流模块的降雨及各子汇水区的资料,然后输入输送模块的管道、河道及泵站资料,形成模型运行的数据输入文件。

6)模型计算和成果分析。得出设计断面的水质水量计算结果,并分析其合理性。

11.3　城市暴雨管理的碳排放评估方法

城市雨洪系统的生命周期通常可划分为建设、运行、日常维护和废弃回收等阶段。日常维护的碳排放主要基于维护活动的统计数据来估算；废弃阶段的碳排放具有诸多不确定性，一般根据建设阶段的碳排放按照一定比例进行粗略估算。本书重点介绍雨洪系统建设和运行阶段碳排放的估算。

(1) 建设阶段碳排放

建设阶段产生的碳排放主要来自主要构筑物（如污水处理厂、泵站、调蓄池、排水管网）和附属构筑物（如检查井、跌水井、换气井、防潮门、雨水口、边沟等）建设过程的物耗和能耗。

物耗的碳排放计算可以采用排放系数法。其中，各种构筑物的材料用量或活动水平可以根据雨洪系统的设计和布置进行估算；而相关材料（如水泥、沙石、钢筋、管材等）的碳排放系数可以根据 EIO-LCA 或基础材料碳排放数据库获取。

能耗主要体现在材料运输和现场施工等活动环节。能源消耗类型包括电能、汽油和柴油等；能源消耗量由运输距离、运输量、施工活动量等确定；根据各种能源的消耗量和碳排放因子，可计算出建设阶段能耗产生的碳排放。

(2) 运行阶段碳排放

运行阶段的碳排放主要来自初期雨水的输送、初期雨水的处理以及内涝产生时的排涝活动等。

初期雨水输送的碳排放主要取决于初期雨水的截流量和单位输水能耗。初期雨水截流量可根据典型年降雨条件下暴雨径流的模拟和截流系统设计参数进行估算。将单位初期雨水输送到污水处理厂的能耗可以根据以下公式进行计算：

$$E = \frac{\rho g (H_{net} + H_{loss})}{3.6 \times 10^6 \eta} \tag{11-1}$$

式中，E 为输送单位水量到污水处理厂的能耗 $[(kW \cdot h)/m^3]$；H_{net} 为输水起止点的高程差（m）；H_{loss} 为管网沿程损失（m），可采用式（3-12）进行计算；η 为水泵效率；ρ 为水的密度（kg/m^3）；g 为重力加速度（m/s^2）。基于截流量和单位输水能耗，再根据能源消耗量及其碳排放因子，可计算出初期雨水输送的碳排放。

进入污水处理厂后，初期雨水处理所产生的碳排放可以根据第9章介绍的方法进行计算。

目前城市内涝发生后，一般通过水泵将溢流水量送到距离最近且可容纳溢流水量的河道或水域中，因此，城市排涝活动的碳排放主要取决于溢流水量和单位输水能耗。可根据典型年降雨条件模拟计算城市雨水管网的溢流量；而将单位溢流量排放到附近水体的能耗可以根据式（11-1）进行计算。

11.4 案例分析

以深圳市光明新区雨水综合利用示范区南片区为研究区域，汇水区面积为0.60km²，如图 11-3 所示。研究区属山间谷地、河谷地带，松散层组成颗粒大、透水性好，分布广泛而深厚，以砂砾类土、粉质黏土、淤泥质土和淤泥等土类为主；是地下水汇聚并向平原区径流的地段，地下水位埋深多在 2～4m，部分地区地下水位埋深为 4～8m。研究区地处北回归线以南，属南亚热带海洋性季风气候。每年 4～9 月为雨季，多年平均降雨量约为 1600mm。台风是该地区主要的灾害性天气，会带来暴雨或大暴雨，造成洪水泛滥，威胁人民生命财产安全。

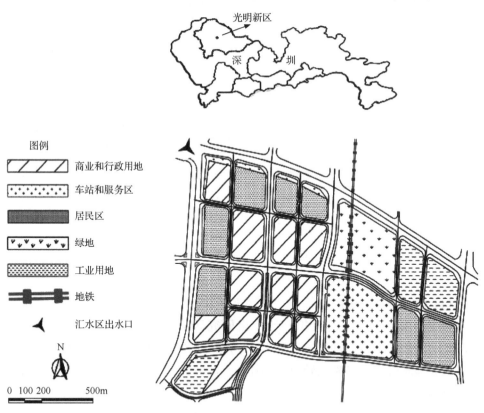

图 11-3 研究区域土地规划图

Figure 11-3 Land use planning of study area

该区的雨水排水管网以两年一遇的降雨为条件设计。根据土地利用类型和实地监测资料，建立城市暴雨管理模型，选取 2009 年的小时年降雨数据为降雨条件，模拟计算仅有传统雨水控制措施（即排水管网）的城市雨洪系统运行阶段即初期雨水输送和排涝活动的碳排放，暴雨管理模式如图 11-1 所示。

根据地形、水文、气象以及现有的排水管网等资料和光明新区规划等综合考虑，对研究区域概化，如图 11-4 所示，分为 25 个子汇水区、82 个节点和 82 根排水管道，其参数根据实测资料和经验阈值等选定。根据土地利用规划及实地监测设定各个子汇水区的水文参数，根据排水管网设计图及规范选取雨水管网各个性质参数。

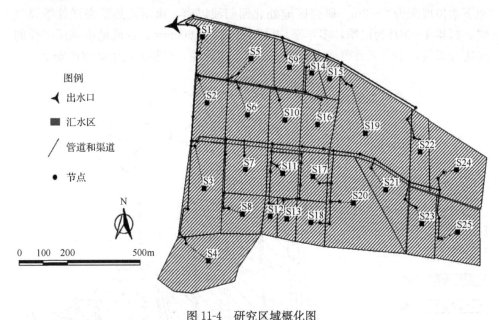

图 11-4　研究区域概化图

Figure 11-4　Generalization of study area

(1) 初期截留与碳排放

根据暴雨径流模型的模拟，计算出研究区 2009 年的径流量为 $561.46 \times 10^3 \mathrm{m}^3$，以截流 5mm 初期径流为条件，计算出初期雨水截流量为 $111.26 \times 10^3 \mathrm{m}^3$。

假设输水管道为混凝土管道，糙率 $n=0.014$。根据式（3-12）管网沿程损失的计算可以简化为

$$H_{\mathrm{loss}} = 0.001\ 24 \frac{v^2}{d^{1.33}} L \tag{11-2}$$

式中，v 为流速（m/s）；d 和 L 分别为输水管道的管径（m）和长度（m）。假设研究区与污水处理厂的距离为 5km，输水起止点高程差为 10m，输水管道的管

径为 0.9m，流速为 3m/s，水泵效率取 0.6，电力生产的碳排放因子为 0.949kg $CO_2e/(kW \cdot h)$。根据式（11-1）和式（11-2）可计算得出输水能耗为 3.736 万 $(kW \cdot h)$，相应的碳排放为 3.546 万 $kg CO_2e$。

(2) 排涝与碳排放

根据 2009 年的降雨，研究区溢流两次，径流量为 $1.6 \times 10^3 m^3$；将溢流水量输送到距离出水口 500m 的渠道中，然后流入木墩河支流，输水起止点高程差为 2m，输水管道为混凝土管道，管径为 0.6m，流速为 3m/s，水泵效率取 0.6，可算出该年排涝控制的能耗为 94.43kW·h，产生的碳排放为 89.61kg CO_2e。

参 考 文 献

Rossman L A, Supply W. 2010. Storm Water Management Model User's Manual. version 5.0. National Risk Management Research Laboratory, Office of Research and Development, US Environmental Protection Agency.

第三篇　水系统碳减排途径

第 12 章 │ 节水与碳排放

Chapter 12   Water Saving and Carbon Emissions

12.1 节水措施

生活和工业用水是城市的用水大户。针对不同的用户，节水途径不同。对生活水用户，主要通过安装节水器具、改变用水习惯实现节水；对工业水用户，主要通过无水或少水工艺改进和技术提升实现节水。防止管网水泄漏也是城市水系统节水的主要措施。此外，本章还将对洗车和绿地灌溉的节水措施，以及促进节水的激励措施进行讨论。

中水/雨水利用也是城市节水的重要措施。由于中水/雨水利用已经在其他章节进行讨论，本章将不包括这部分内容。

12.1.1　生活节水

安装节水器具是实现生活节水的重要措施之一，主要涉及水龙头、便器、洗浴、淋浴器、洗衣机等器具的节水。

(1) 节水水龙头

相对于老式螺旋式水龙头，新式水龙头有陶瓷芯片、变距式、自闭式等多种高新技术。新型水龙头封闭严密，感应灵敏，关闭速度只有老式水龙头的 1/10，节水效果显著。另外，在龙头的出水口安装充气稳流器也是有效办法。节水龙头能够在保障基本流量（如洗手盆用 0.05L/s，洗涤盆用 0.1L/s，淋浴用 0.15L/s）的基础上，自动减少无用水的消耗。当管网的给水压力静压超过 0.4MPa 或是动压超过 0.3MPa 时，应该在水龙头前面的干管线上采取减压措施，加装减压阀或孔板等，或是在水龙头前安装自动限流器。

(2) 节水便器

有数据表明，在居民家庭生活用水中，厕所用水约占 39%，淋浴用水约占 21%，饮食及日常用水占 32%，厕所用水所占比重最大，同时具有最大的节水潜力。节水便器，就是能够在冲洗干净、不返味、不堵塞的前提下，实现节约用水的便器。节水便器类型大致可分为压力流防臭节水坐便器、压力流冲击式节水坐便器、脚踏型高效节水坐便器、感应式节水坐便器和双按钮节水坐便器以及免水冲小便器。目前大多数国产品牌的便器采用 3L/6L 两档出水；另外，还有部分便器的冲洗水量仅为 5L，甚至更少。

(3) 洗浴、淋浴器和热水器

通常淋浴喷头每分钟喷水大于 20L，而节水型喷头每分钟只需约 9L 水，节约近 50％的水量。淋浴过程有些时间不需要出水，应该及时让淋浴器停止出水，可直接手动关闭，也可采用机械或电子方式自动开关淋浴器。典型的机械式半自动淋浴器是脚踏淋浴器；典型的电子式自动淋浴器是主动式红外线淋浴器；插卡计费式淋浴器更是把用水与个人的经济利益直接挂钩，这都是行之有效的节水器具。

(4) 洗衣机

洗衣机节水主要从三方面入手。一是根据洗衣的多少确定用水量，现在新的自控洗衣机可根据洗衣量多少控制进水，减小内外桶的间距也可以节水。二是利用超声波、臭氧、电解水、加强水流的喷淋及循环冲洗作用、改变洗涤程序、提高转速等物理方法，提高洗净的效率，减少耗水。三是提倡使用低泡、无泡洗衣粉及减少水体污染的无磷洗衣粉，这样可以大大减少漂洗耗水量并减少对环境水体的污染。

人们在生活中节水，除依靠节水器具外，还需要提高个人、家庭的节水意识，改变耗水的生活习惯。例如，在不需要水龙头出水时，应该及时关闭；家庭生活洗澡提倡淋浴，在能够满足个人卫生需求的情况下，尽量缩短淋浴时间和洗澡频率等。

12.1.2 工业节水

工业生产通过改变生产原料、生产工艺和设备以及用水方式，采用无水生产工艺等途径，减少工业用水。下面将从分选/除尘、运输、冷却等工业生产环节举例说明。

(1) 分选/除尘

干法分选是相对用水分选工艺而言，可通过物质间的性质差异进行分选。例如，干法选煤是利用煤与矸石的物理性质差异实现分选，如密度、粒度、形状、导磁性等（杜长江和孙南翔，2010）。该方法采用空气与重介质混合的气-固两相悬浮体作为分选介质，形成近似流体的气-固流化床，根据阿基米德浮力原理，密度小的煤会浮在上面，而密度较大的矸石和硫铁矿等会沉到底部，原煤在流化床中按密度分层，实现煤与矸石的分离。

干法除尘同样是相对湿法除尘而言的，是用蒸发冷却器作为粗除尘设备，约占除尘量的 40％，再用电除尘器精除尘。例如，高炉煤气干法布袋除尘先采用重力除尘器进行粗除尘，然后采用布袋除尘系统进行精除尘，经减压阀组降压后，最后将煤气送往厂区净煤气总管。高炉煤气除尘的干法与湿法相比，不仅能合理利用煤气显热，提高煤气热效率，增加能源回收透平装置发电量，而且系统基本不用水、电，有效降低了能源消耗（仲园和许相波，2009）。干法除尘最大的优点是能耗低、耗水量小，环保效果明显，但是该方法一次投资大、结构复杂、耗材多，并且设备机构比较复杂、技术难度大。

(2) 运输

工业运输节水工艺的代表之一是火电厂气力输灰方式。它以每千克压缩空气输送灰的质量比值进行分类，大致可分为稀相、中相和浓相输送三类（孔令明等，2008），除在一些特定场合应用外，目前一般都是采用浓相输送方式。国内浓相气力输灰系统种类较多，按仓泵形式可分为上引式、下引式及流态化仓泵；按运行形式可分为连续输送及间断输送，而间断输送又可分为单元制、多元制等。不同的气力输送方式都有各自特点，火电厂应根据输送距离、输送量等因素进行综合选择。

(3) 冷却

工业常见的冷却方式是与水进行热量交换，节水冷却技术则将热量交换的对象转移到非水物质上，如物料高效换热技术、空气冷却替代水冷技术等，同样起到降温作用，还可以节约能源。

物料高效换热技术是在生产过程中温度较低的进料与温度较高的出料进行热交换，达到加热进料与冷却出料的双重目的，这样一方面可达到节水的目的，另一方面可以满足节能的要求（戴铁军和程会强，2008）。

空气冷却替代水冷技术是节约冷却水的重要措施，间接空气冷却可以节水90%，直接空气冷却可不用水。例如，在北方缺水地区推广应用现有直接空气冷却技术。气化冷却技术是利用水气化吸热，带走被冷却对象的热量。受水气化条件的限制，在常规条件下，气化冷却只适用于高温冷却对象。对于同一冷却系统，用气化冷却所需的水量仅有温度升为 10℃ 时水冷却水量的 2%，且减少90% 的补充水量，气化冷却所产生的蒸汽还可以被回收利用。

12.1.3　市政节水

市政用水也是城市用水中比较重要的部分，本节主要讨论洗车和绿地灌溉环节的节水，并讨论防止管网漏滴对节水的作用。

(1) 洗车节水

随着城市汽车保有量不断增加，洗车耗水量也随之增加，按照传统洗车方式，每清洗一辆小型汽车需水量为 60~100L，洗车节水就十分必要。洗车节水，可在洗车喷水枪上安装防漏水和节水的喷头，更有效的措施是安装全自动电脑洗车设备和无水洗车设备。无水洗车即蜡水洗车，乳化蜡是清洁剂，按一定比例与水调和，靠其溶解车上沙石，通过湿巾擦拭达到清洁目的，比起传统洗车方式，每辆车需水量为 8L，节水效果明显。

(2) 绿地灌溉节水

绿地灌溉节水主要从选择节水耐旱绿化植物、应用节水灌溉技术和实施节水灌溉计划三方面考虑。

节水耐旱绿化植物就是在土壤水分亏缺的条件下依然能够正常生长、保持一定景观效果的植物（刘红和何建平，2009）。例如，冷季型草坪草的生长时间长（240 天左右），景观效果好，但是耗水量较高。暖季型草坪草的生长时间较短（150 天左右），景观效果一般，但是耗水量较小。因此，根据不同的绿地质量要求，可选择不同的草坪类型。

节水灌溉技术就是为了减少水分的无效消耗，使得灌溉的水分能够全部被绿化植物所吸收和利用。城市绿化常用的节水灌溉技术主要有喷灌、微灌和滴灌。这三种技术均采用管道输水，减少了水分在输送工程中的损失，同时灌溉水量也比较均匀，能够促进植物的均衡生长。尤其是滴灌技术，因为直接把水输送到植物的根部，最大限度地减少了地面的湿润面积，因此节水效果也是最好的，一般可节水 50% 以上。

节水灌溉计划就是根据绿化植物的耗水过程和抗旱特性，以及当地的气象条件（主要为降水量、辐射、温湿度和风速等），充分考虑绿化植物的服务功能（即种植的场所和服务的对象），确定相应的灌水日期和每次灌溉的水量。实施灌溉计划就是针对确定的绿地，根据已经制定的节水灌溉计划，借用一些控制和测量设备（如灌溉自动控制器、水表、时间控制器、阀门等），精确监控灌溉的水量和日期，使得灌溉水量和计划灌溉的水量一样，实现节约用水的目的。灌溉水量确定的方法较多，常用的是计算机控制自动灌溉系统、水量控制方法和灌溉时间控制方法。

(3) 防止管网漏失

随着城市发展规模扩大，城市水系统管网分布范围和长度大幅增加，管网漏水将成为城市水资源浪费的重要组成部分之一。2004 年，根据住房与城乡建设部对 408 个城市的统计，由于管网老化和管理不善，全国城市公共供水系统（自来水）的管网漏损率平均达 21.5%，远远超过日本的 10%、美国的 8%、德国的 4.9%。显然，维修改造现有旧城市管网的输、净、配水利工程，降低管网漏损率，是提高水利用率、减少供水成本、提高城市节水水平的一个重要方面。

采用新技术，加强管网漏失监测工作是治理漏失的重要前提。有分析称，相关仪器检漏法和传统棒听法相结合是一种较好的检漏方法；而城市管网使用的管材质量和接口形式直接影响着管网漏失水量的多少，采用新型管材和新型施工工艺是防止管网漏失的重要举措，如大口径管材（DN＞1200）优先考虑预应力钢筋混凝土管，中等口径管材（DN＝300～1200）优先采用球墨铸铁管和塑料管，小口径管材（DN＜300）优先采用塑料管等（罗琳和陶玲俐，2010）。

12.1.4 激励机制

针对城市节水的途径和我国城市节水中存在的问题，为了形成有效的节水运行管理体系，应从法规约束、政策导向、经济等方面建立节水激励机制。

(1) 法规约束机制

以建设资源节约、环境友好型社会为目标，制定和完善与节水减污相关的法律法规和管理制度，建立全社会的节水行为规范。重点是建立和完善水权分配与水量分配制度、水资源论证与取水许可制度、总量控制与定额管理制度、水功能区管理制度等，加快建立水生态环境补偿机制。

(2) 政策导向机制

制定和实施有利于促进节水减污的投资政策、环保政策、资源利用政策、市场准入政策、税收优惠政策等，引导各部门、各行业加大节水治污投入，提高节水治污水平。例如，国家或地区通过调整产业结构，从宏观上调控水资源用量，尽量避免潜在的水环境污染的产生。在产业结构上优先发展节水型企业，大力压缩生产技术落后、用水效率低、耗水量大的产业，严格限制新上高耗水项目，禁止引进高耗水、高污染的工业项目。

(3) 经济激励机制

节水的经济激励机制包括相关水价的制定、水权交易、资金补贴、税收减免等方式。

在中国城市水业推进市场化改革的背景下，原先立足于社会福利的"水费"正逐步转型为立足于市场经济供需的"水价"。建立健全合理的水价（包括水费、排污费、污水处理费、中水回用费以及洪水、雨水和劣质水利用费用等）形成机制，逐步推行两部制水价、阶梯式水价、浮动水价、超定额累进加价、高峰水价等水价形式，运用经济杠杆激励节约用水和减少废污水排放。例如，根据居民生活用水量及不同行业之间用水量的差异，制定出阶梯水价，使得居民生活用水及不同行业间，用水量小，水费价格低；用水量大，水费价格高，利用经济手段来节水。例如，1999～2006 年，北京市城镇居民生活用水水价提高 1％，城镇居民生活用水减少 0.38％（李云鹤和汪党献，2008）。

水权交易是指水权人或用水户之间通过价格的协商，进行水的自愿性转移或交易。水权交易与政府性调配水资源的最大差异，在于前者所反映出的价格并非仅限于对用水损失以及输水成本的补偿，而是更积极地反映出被交易的水权或水量的效益及市场价值，因此既可以增强卖方转让的动力，同时又提升了买方自行节水的压力，提高了水资源的利用效率和效益，优化了水资源配置（安新代和殷会娟，2007）。例如，甘肃张掖实行灌溉用水权交易。农民分配到水权后便可按照水权证标明的水量去水务部门购买水票。水票作为水权的载体，农民用水时，要先交水票后浇水，水过账清，公开透明。对用不完的水票，农民可通过水市场进行水权交易、出售。张掖的水票流转是在微观层面的水权交易，强化了农民用水户节水意识，推动了农业种植结构调整，进一步丰富了我国水权交易的形式。

国外对于节水器具的奖励和补贴主要有针对用户和针对生产商/供应商两种方式，针对生产商/供应商激励措施并非直接补贴生产成本，以避免生产厂家抬高器具的价格，增加用户使用成本（狄亚萍和崔程颖，2009）。奖励和补贴无论是针对用户还是生产商/供应商，均先根据节水效果将节水器具分级，再根据不同的节水效果进行奖励和补贴，并确立了越高效，奖励和补助力度越大的原则，但是不管节水器具效果如何，其奖励和补贴均采用一次性方式。对于中水/再生水形式的节水工程，奖励和补贴不仅考虑到降低节水工程的初期建设成本，还将奖励和补贴重点放在节水工程的运营阶段，奖励和补贴的周期长，不仅对用户有支持鼓励的作用，还起到了监督的作用，避免了建而不用。

我国对于节水器具的财政补贴分为直接补贴、间接补贴和中间补贴，补贴的对象分别为消费者、生产者和销售者。直接补贴是消费者凭购买节水器具的凭证到财政部门申请领取；间接/中间补贴的补贴金额根据产品成本/销售价格与中标协议供货价格/销售价格的差额核算。具体补贴方式、对象、方法及优缺点见表 12-1（李可任和左其亭，2012）。

表 12-1 节水器具财政补贴方式
Table 12-1　Financial subsidies to promote water saving appliances

财政补贴方式	补贴对象	补贴发放	优点	缺点
直接补贴	消费者	用户凭购买凭证到财政部门申请领取	提高消费者购买产品的积极性	消费者领取资金的审批和审核过于烦琐
间接补贴	生产者	补贴金额为产品成本与中标协议供货价格的差额	提高推广效率，质量可保证，便于政府监管	不法中标企业违法使用补贴资金
中间补贴	销售者	补贴金额为产品销售价格与产品中标销售价格的差额	避免补贴发放工作的烦琐和个别厂商弄虚作假	达标销售商择取较难，易形成补贴销售商家的垄断

现阶段，我国的节水奖励措施主要都是针对中水回用系统，对于中水回用工程的建设成本给予一定的资金补贴，运营期补贴数额按照节水减排项目的年节水量进行测算。同时，按单个项目投资总额和单个项目补贴总额设定上限。例如，上海单个项目补贴金额不超过节水项目投资总额的 30%，单个项目补贴金额最高不超过 300 万元。

由于雨水利用尚处在发展初期，采取的激励措施主要是发放补助，其他经济手段运用得很少。例如，北京雨水利用工程项目可以得到政府 30% 的财政资助。

除上述激励措施外，国家根据企业具有的节水技术和配套设施，相应调整企业税收，推行税收优惠政策。2009 年 12 月 31 日由国家财政部、国家税务总局、国家发展与改革委员会下发的《环境保护、节能节水项目企业所得税优惠目录（试行）》通知，激励企业采取节水措施。

12.2 节水措施的碳排放评估

12.2.1 评估方法

城市水系统采取节水措施后，最直接的表现是水资源用量减少，进而影响到供水、分配、污水处理等相关环节的碳排放。

（1）供水过程节水的碳减排

供水过程的节水措施主要是防止管网漏失。可以根据该措施节约的水量与供水系统运行阶段单位供水量的碳排放估算相应的碳减排量。

（2）终端用水过程节水的碳减排

终端用水过程的节水措施主要包括改变用水习惯，应用节水器具、设备、工艺和技术，雨水/污水再利用。这部分碳排放的计算需要考虑以下三个方面。

1）节水的水量。终端用水的节约不仅减少了对供水的需求量，也减少了对污水的处理量。因此，可以根据该措施节约的水量、供水系统运行阶段单位供水量的碳排放、污水处理系统运行阶段单位污水处理量的碳排放估算相应的碳减排量。

2）节水的类型。用户用水分为热水和冷水。对于热水的节约，不仅要考虑供水和污水处理过程碳排放的减少，还要考虑终端用水加热过程碳排放的减少。

3）节水设施的更新。除了考虑措施实施后，水资源用量减少造成的碳排放减少，还需考虑节水器具、相关设备、工艺、技术、材料本身所包含的碳排放。

12.2.2 案例分析

根据美国用水实际情况，分析美国终端用水（生活、工业、商业、公共机构、农业）供水系统和水处理系统的节水环节和措施，以及节能、减碳的效果和潜力（Griffiths-Sattenspiel and Wilson，2009）。

(1) 水供应和处理系统

在供水系统中，减少水资源泄漏是节约能源的重要环节，然而节约能源的数量取决于整个系统的能源强度和泄漏发生的位置。据估计，美国由于供应系统泄漏造成的水资源流失占总供应量的10%，每天流失水量为 5.48×10^9 gal。若采取管网防泄漏措施可以减少5%的损失，相当于总供应量的0.5%。这样每天可以节水 2.7×10^8 gal，节电 3.13×10^8 kW·h，相当于 31 000 户家庭用电量，同时可以减少 2.25×10^5 m³ CO_2 排放。

(2) 室内生活用水

美国室内生活用水类型基本是一致的。对单一家庭住房来说，厕所、洗衣机、淋浴和水龙头用水量超过室内用水总量的80%。因此，水资源的节约应该从终端用水着手。通过使用节水器具，室内人均用水量至少可以节约近35%。对一个四口之家来说，一年可以节约 35 000 gal① 水量。

根据对100户家庭用水情况的调查发现，在对家庭用水器具和设备进行节水改造之前，只有45%家庭的用水量低于150gal，改造之后已达88%。节约室内生活用水，直接影响到因水资源输送和污水处理产生的能源消耗。美国环境保护局按照国家平均水平预计，如果有1%的美国家庭将已有的低效率卫生器具更换成具有节水标识的卫生器具，可以节电 3.8×10^7 kW·h，相当于 43 000 个家庭一个月的用电量。如果每个家庭都更换主要用水器具，由于用水效率的提高，每年可以间接节电 9.1×10^6 MW·h，相当于减少 5.6×10^6 m³ CO_2 的排放。

居民生活用水包括冷水和热水两部分，可以通过减少热水的使用量来节约能源。如果每一个家庭均采取节水措施，每年可以减少约 4.4×10^9 gal 热水用量，预计可以节电 4.1×10^7 MW·h 和节省 6.72×10^9 m³ 天然气，相当于减少 3.83×10^7 m³ CO_2 的排放。

(3) 户外生活用水

家庭户外用水主要用于浇灌草地、植物和花园，每天户外用水量约为 7.8×10^9 gal。由于户外用水的多少取决于气候条件和景观设计等因素，变化范围较大，占居民生活用水需求的10%～75%。因此，减少户外用水量，可以通过改

---

① 1gal=3.785 亿 L。

进灌溉技术，安装基于气候或传感器的灌溉控制器，采用提高水资源利用效率的景观设计等措施来实现。例如，1982 年美国丹佛水利局（Denver Water）开发节水型园艺技术，与传统景观设计相比，至少可以节水 50%。即使使用简单的设备，如在便携式软管上安装截流喷嘴，也可以节水 5%～10%。

一般的户外用水设备不需要输入额外能源，压力清洗设备、观赏水景、游泳池和热水浴缸除外。例如，许多大型喷泉每小时需要将 4000gal 水提升 4.6～7m。假设一个大型喷泉每小时将 4000gal 水提升 6m，抽水效率为 65%，每年喷泉的水循环要耗电约为 3400kW·h，相当于排放 $2.4×10^6$ t CO_2。

（4）商业、工业和公共机构

商业、工业和公共机构部门（CII）每天用水量约为 $3.67×10^{10}$ gal，占城市水资源需求量的 20%～40%。通过实施节水措施，提高用水效率，可以节水 15%～30%，最高可达 50%。例如，加利福尼亚 17 000 个饭店安装了预冲洗喷淋阀，每个阀门一年可以节约近 50 000gal 水，节电 7600kW·h。另外，由于加热器类型不同，结果可能存在差异。

（5）农业

农业节水措施包括合理选址、改良土壤、作物轮作和节约型定价等来实现。本小节仅讨论改良灌溉方式的节水效果。农业灌溉类型主要包括漫灌、喷灌和滴灌，用水效率分别为 73%、78%、89%。漫灌先需要额外的能源用于抽取地下水，然后依靠重力作用进行农田灌溉，其中抽取地下水是农业用水过程中主要的耗能环节。喷灌和滴灌需要额外能源用于加压，然后地上喷洒或地下滴水的方式用于灌溉。滴灌是用水效率最高的灌溉方式，但是需要增加 632（kW·h）/MG 额外能源，而漫灌低于 92（kW·h）/MG，见表 12-2。尽管滴灌消耗的能源是漫灌的 7 倍，但是滴灌具有较好的节水潜力，滴灌通过节水来实现节能。另外，对泵进行田间测试和必要的维修或改善可将泵的效率提高 5%～15%。

表 12-2　灌溉的能源需求　　　　（单位：(kW·h)/MG)

Table 12-2　Energy demand for irrigation （unit：(kW·h)/MG)

灌溉方式	能源需求
漫灌（不需要用泵向上抽水）	0
漫灌（向上抽水 10ft）	92
滴/微灌（加压）	632
标准喷灌（加压）	872

注：1ft=0.3048m。

参 考 文 献

安新代,殷会娟. 2007. 国内外水权交易现状及黄河水权转让特点. 水资源管理,19:35-37.

戴铁军,程会强. 2008. 我国工业用水量分析与节水措施. 工业水处理,28(10):9-12.

狄亚萍,崔程颖. 2009. 现代产业的节水激励措施研究//《中国人口·资源与环境》编辑部. 中国可持续发展论坛暨中国可持续发展研究会学术年会论文集(下册). 北京:616-619.

杜长江,孙南翔. 2010. 干法选煤对西部地区的意义. 价值工程,(34):44-45.

孔令明,宋吉林,赵海明,等. 2008. 气力输灰及粉煤灰综合利用方案探讨. 华电技术,30(12):38-41.

李可任,左其亭. 2012. 节水器具推广财政补贴方式研究. 水利财务与经济,18:50-52.

李云鹤,汪党献. 2008. 城镇居民生活用水的需水函数分析和水价节水效果评估. 中国水利水电科学研究院学报,6(2):156-160.

刘红,何建平. 2009. 城市节水. 北京:中国建筑工业出版社.

罗琳,陶玲俐. 2010. 城市节水措施及现状研究. 科技创业,(10):94-96.

严生,黄庆. 2012. 转炉干法与半干法除尘工艺分析. 现代冶金,40(3):9-72.

张鸿涛,庞鸿涛,商维臣. 2006. 城市节水措施初探. 水利天地,2006(4):25-26.

仲园,许相波. 2009. 高炉干法除尘技术应用及节能分析. 上海节能,(10):31-34.

Griffiths-Sattenspiel B,Wilson W. 2009. The carbon footprint of water. http://www.rivernetwork.org/resource-library/carbon-footprint-water [2012-10-25].

| 第 13 章 | 低影响开发与碳排放

Chapter 13 Low Impact Development
and Carbon Emissions

13.1 低影响开发模式

13.1.1 LID 及相关概念

低影响开发（low impact development，LID）是 20 世纪 90 年代末由美国马里兰州的乔治王子郡和西北地区的西雅图市、波特兰市共同提出的一种暴雨管理技术。LID 主要提倡通过在源头利用一些微型分散式生态处理技术模拟自然条件，使得区域开发后的水文特性与开发前基本一致，进而保证将土地开发对生态环境造成的影响减到最小。其策略大体上可以用三个 S 来概括，"Slow it down, Spread it out, Soak it in"，即"减缓径流、分散径流、吸收径流"，而用来实现这三个 S 的手段大多是天然景观元素，如植物、沙土、洼地等。设计师利用这些元素从源头上控制雨水，让雨水渗透到土壤中去，实行就地和分散化管理，雨水被看作涵养生境的宝贵资源。

自 20 世纪 70 年代以来，其他国家也非常重视雨水管理与综合利用，如英国的可持续排水系统（sustainable urban drainage system，SUDs），澳大利亚的水敏感城市设计（water sensitive urban design，WSUD）和新西兰的低影响城市设计与开发（low impact urban design and development，LIUDD）。虽然这些国家的排水理论名称各不相同，但都包含了源头水量与水质控制的 LID 理念。表 13-1 列出了国内外城市暴雨控制措施的比较。

表 13-1 城市雨水管理与综合利用模式

Table 13-1 Urban stormwater management and comprehensive utilization modes

名称	特点	使用范围
LID	倾向于在微观区域对源头采用或保护天然地表的措施控制径流污染	美国、加拿大、欧洲、日本
WSUD	强调暴雨径流和天然河道作为资源的可利用性	澳大利亚
SUDs	SUDS 的目标除了减少径流水量和污染物外还包括改善社区的居住环境	英格兰、苏格兰、瑞典
LIUDD	水资源管理措施"三水管理"，倡导雨水就地收集、回收和利用	新西兰

13.1.2　LID 的基本原理

LID 雨水综合利用包括工程措施和非工程措施。工程措施包括绿色屋顶、可渗透路面、雨水花园、植被草沟及自然排水系统等；非工程措施，包括进行街道和建筑的合理布局、市民素质教育等。LID 雨水综合利用技术基本准则和原理如图 13-1 所示。

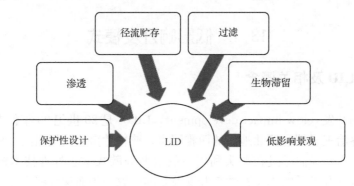

图 13-1　低影响开发模式的技术方法

Figure 13-1　Techniques of low impact development

(1) 保护性设计

主要指通过保护开放空间，减小地面径流流量。例如，在区域开发规划设计时可通过降低硬化路面的面积以减小径流流量，还可以通过渗滤和蒸发处理来自周围建筑环境汇集的径流，对湿地、自然水岸、森林分布区、多孔土壤区进行有效保护。

(2) 渗透

指通过各种工程构筑物或自然雨水渗透设施使雨水径流下渗、补充土壤水分和地下水。渗透不但能减少地面径流流量，而且可以补充地下水，这对于缓解地下水资源短缺和防止滨海区域海水入侵有着重要意义。因此，在地下水缺乏和海水入侵地区应将雨水渗透处理作为雨洪控制利用的重要内容。

(3) 径流贮存

对于封闭性下垫面比较集中的地区，可通过径流贮存实现雨水回用或通过渗滤处理用于灌溉。径流贮存一方面可以削减洪峰流量，减少径流的侵蚀；另一方面，可用于景观绿化，如景观水体、多功能调蓄等。

(4) 过滤

过滤是使雨水通过滤料（如砂、沸石、粉煤灰等）或多孔介质（如土工布、微孔材料等）截留水中的悬浮物质，从而使雨水净化的处理构筑物。雨水过滤具有以下优点：降低下游区域的径流流量、补充地下水、增加河流基流流量、降低温度对受纳水体的影响。

（5）生物滞留

当发生强暴雨时，仅仅通过渗透和储存技术很难将地面径流全部在原地处理消纳，此时往往采用生物滞留设施将汇集的径流进行疏导。LID 设计中生物滞留主要通过降低径流流速、延长径流汇集时间、延迟峰流量等生态化措施降低洪峰流量。

（6）低影响景观

当进行景观设计时必须仔细选择和区分种植植物，要选择适合当地气候和土壤的植物种类。通过生物吸收去除污染物，稳定本地土壤土质是低影响景观的重要内容。通过实施低影响景观，减少硬化下垫面面积，可提高雨水径流渗透能力，提高开发区域的美学价值。

13.1.3 典型 LID 单元

（1）雨水花园

雨水花园的主要功能是减少区域降雨径流量，同时也起到美化环境及净化水质、补充地下水的作用。雨水花园适用于处理水质相对较好的小汇水区的径流，如公共建筑或小区的屋面雨水、污染较轻的道路雨水、城乡分散的单户庭院径流等。雨水花园类似于普通的花园，其结构相对比较简单，一般无需设计专门的底部排水沟渠。雨水花园位置的选择十分重要，一般要求：距离建筑物至少 3 m，以免浸泡地基；尽量不要设置在树下，以免阳光被遮挡；为减少土方量，应设置在相对较平坦的地方；尽量设置在雨水易汇集的区域，但不宜设置在因土壤渗透性太差而会造成长时间积水的地方，否则需要采取其他防止积水的措施。

（2）屋顶雨水收集系统

屋顶雨水收集系统可以收集水质较好的雨水，一般稍加处理或不经处理即可直接用于冲洗厕所、洗衣、灌溉绿地或构造水景观。屋顶雨水收集系统分为单体建筑物分散式系统和建筑群或小区集中式系统。由雨水汇集区、输水管系、截污弃流装置、储存（地下水池或水箱）、净化系统（如过滤、消毒等）和配水系统等几部分组成。有时设有渗透设施，与储水池溢流管相连，当集雨量较多或降雨频繁时，使超过储存容量的部分溢流雨水渗透。

（3）绿色屋顶

绿色屋顶包括了一个多层次的系统，这个系统用植被覆盖建筑的屋顶或台面，并在下层设置排水层。可用于拦截及储存降水，减少径流量，削减洪峰。研究表明，跟传统屋顶相比，绿色屋顶能削减 60%～70% 的暴雨量，能延迟屋顶出水并削减 30%～78%的洪峰流量。

(4) 下凹式绿地

从景观视角出发，传统路边绿地都是高于道路的，但是在排水方面就造成了道路径流累积，给交通带来很大干扰。城市下凹式绿地具有蓄渗雨水、削减洪峰流量、过滤水质、美化环境、防止水土流失等优点，从雨水利用角度出发，应尽量采用下凹式绿地。

(5) 渗透铺装

渗透性多孔沥青地面或渗透性多孔混凝土地面。使用镂空地砖（俗称草皮砖）铺砌的路面，可用于停车场、交通较少的道路及人行道，特别适合于居民小区，还可在空隙中种植草类。

13.1.4　LID 的效益

LID 通过滞留、储存、渗透和过滤等作用调整流域的水循环来管理暴雨，维护开发过程中流域的原貌和水文情况，同时确保最大程度地保护受纳水体生态完整性。通过 LID 建设，可实现的生态目标有：减少径流量、延长汇流时间、削减洪峰、保护水质、补充地下水、减小土地侵蚀等。

在一些城市采用 LID 控制措施用于管理雨水和净化水质后，发现 LID 控制措施还有节能低碳的效益。避免与建设传统基础设施相关的碳排放，阻止地下水位下降，并且通过含水层的存储或雨水收集，能提供一种新的本地的低能耗水供给。绿色屋顶通过冬天保温夏天吸热的作用，能减缓城市热岛效应，同时减少空调的能耗。LID 控制措施通过削减能耗、减少灰色设施中碳密集的混凝土和管道的使用量和绿植固碳等作用，减少温室气体排放。

13.2　低影响开发模式的碳排放

本节将从建设、运行、维护和废弃回收等阶段讨论 LID 的碳排放。

(1) 建设阶段

建设阶段的碳排放主要来源为建设材料本身的碳足迹、运输和施工过程的能耗及其碳排放。LID 设施的材料主要包括植被、透水砖、透水沥青、土壤、砾石、沙和 PVC 穿孔管等，材料用量、类型以及处理方法等方面都会影响碳排放量。LID 建设一般需要场地开挖，若开挖的泥土用于建造当地景观，可以假定搬运和弃置泥土的过程没有排放。计算 LID 碳排放时，通常假设 LID 措施直接设置于未建用地上；但若这些措施设置于已建用地，移除已有建筑将增加额外的碳排放。

（2）运行阶段

LID 措施的径流控制、水资源供给、建筑保温、植物固碳等功能都有一定的减碳效应。在此主要分析 LID 径流控制的减碳效应。

首先，LID 措施通过径流控制，可减少向污水处理厂输送的初期雨水，减少与废水输送相关的碳排放，同时减少污水处理量和相应的碳排放；其次，一些 LID 措施有过滤功能，可提高对径流污染物的去除率，降低进入污水处理厂的径流污染物浓度，进而减少处理污水产生的碳排放。

LID 措施通过径流控制，还可延缓汇流时间，削减径流峰值，降低管网溢流和城市内涝风险，进而减少防洪排涝的能耗和碳排放。

可以采用 SWMM Version 5.0 进行分析 LID 措施的径流控制效应。该软件包含一个 LID 控制模块，能够直接模拟生物滤池、入渗沟、渗透铺装、雨水桶和下凹式绿地五种 LID 单元控制措施的水文效应。这个模块中，将 LID 控制措施概化为一个垂直分层的系统，各层的性质（如厚度、孔隙率、渗透系数和排水特性等）以单位面积为基础确定。采用该模型可以分析不同 LID 类型及其组合对径流的削减作用。

（3）维护阶段

大多数 LID 措施包含植被，需要对其做修剪和清污工作。为了保证雨水花园、下凹式绿地、绿色屋顶等设施正常运作，植物修剪和清污需要定期进行，剪草机和割草机及其运输所消耗的能源会产生碳排放。渗透铺装的日常清扫，按照一般的广场、街道和马路的清扫方式和频率，维护工作并没有增加。此外，用于公路的防渗型渗透铺装，需要 7 年定期用高压蒸汽冲洗一次，产生维护期间的碳排放。

（4）废弃回收阶段

由于 LID 措施的天然性，废弃回收阶段几乎不会产生任何碳排放。这个结论不是认为区域回归到开发前的原始状况，而且在某些情况下还会造成栖息地的丧失。如果废弃后，区域用于未来的规划，则添加额外的景观以及物质需要与没有 LID 措施时相比较，才能评估其废弃的碳排放。但是，在前景不确定的基础上，并不能进行定量的碳排放估算。

13.3　案例分析

该案例以深圳市光明新区雨水综合利用示范区南片区为研究区域，基于 SWMM 计算下凹式绿地、渗透铺装和绿色屋顶三种 LID 措施的径流削减作用；基于生命周期评估法，重点分析建设 LID 的碳排放和运行阶段 LID 措施径流控制的碳排放，并与无 LID 措施的情景进行比较。

13.3.1 研究区的 LID 设计

根据研究区域土地利用类型和水文地形条件图 11-4，分别将下凹式绿地、渗透铺装（下渗型和防渗型）和绿色屋顶三种 LID 控制措施设置到各子江水区。控制措施的结构见表 13-2。

表 13-2　LID 控制措施结构组成

Table 13-2　Components of LID control

LID 类型	表层	铺装层	土壤层	储水层	排水系统
下凹式绿地	★		★	★	
下渗型渗透铺装	★	★		★	
非下渗型渗透铺装	★	★		★	★
绿色屋顶	★		★	★	★

★表示 LID 类型具有对应的结构层。

LID 措施设置面积及比例如表 13-3 所示。

表 13-3　研究区域的 LID 控制措施设置　　　　（单位：%）

Table 13-3　Land uses of LID designs in study area　　（unit：%）

用地类型（子汇水区）	LID 控制措施设置面积占总面积的比例			
	下凹式绿地	渗透铺装		绿色屋顶
		下渗型（人行道、停车场和广场）	防渗型（公路）	
地铁站服务区（S19，S20）	10	12	8	0
地铁站停车场（S21）	10	40	40	0
其他（S1~S18，S22~S25）	10	12	8	20
共计	10	22		15

注：其他用地类型包括居民区、工业区、绿地、商业和行政用地。

(1) 下凹式绿地

根据汇水区地形，将下凹式绿地设置于区域内原有绿地中。光明新区绿地面积占总面积的 16.61%，各个子汇水区均取总面积的 10% 设置为下凹式绿地，不能设置下凹式绿地的区域，保持为传统的绿地。子汇水区不透水面的径流流入下凹式绿地后再进入排水管网，实现下凹式绿地与管网结合对径流的调节控制功能。

(2) 渗透铺装

在停车场（表 13-3 中 S21）区域可设置渗透铺装比例较大，故取总面积的

40％设置下渗型渗透铺装和 40％设置非下渗型铺装；参考《深圳市城市规划标准与准则》和《光明新区规划》，研究区域工业区道路用地占总用地的比例为 10％～15％，居住区道路用地占总用地的比例为 10％～18％，除停车场外，其他子汇水区均取总面积的 12％设置下渗型渗透铺装和 8％设置非下渗型渗透铺装。子汇水区不透水面的径流不经过渗透铺装的地表，直接排入排水管网，实现渗透铺装与管网结合对径流的调控。

（3）绿色屋顶

除去地铁和停车场区域（表 13-3 中 S19～S21），各个子汇水区均取总面积的 20％设置绿色屋顶。各个绿色屋顶收集利用后多余雨水经集水管进入排水管网，实现绿色屋顶与管网结合对径流的调控和雨水利用。

13.3.2 径流计算

SWMM 模拟 LID 控制措施的水文过程时，首先构造 LID 控制措施各个单元垂直方向层次的结构，并确定每层的参数，然后在各个子汇水区布置构造好的 LID 单元或者组合控制措施。LID 控制措施各层次的参数，根据实地勘测数据、SWMM 操作手册和深圳市 LID 技术基础规范选取确定。

与 11.4 节的案例分析一样，选取 2009 年的降雨数据为降雨条件，用 SWMM 模型模拟计算出研究区域仅有传统雨水控制措施（即排水管网）和分别设置了下凹式绿地、渗透铺装和绿色屋顶三种 LID 控制措施以后，研究区域的年径流量和管道年溢流量，见表 13-4。

表 13-4　研究区初期雨水截流和管道溢流量　　　（单位：m³/a）

Table 13-4　Intercepted volume of initial rainwater and pipe overflow in study area

(unit: m³/a)

情景	径流量	初期雨水截流量	管道溢流量
排水管网	5.61×10^5	1.11×10^5	1.60×10^3
排水管网＋下凹式绿地	1.57×10^5	3.11×10^4	7.19×10^2
排水管网＋渗透铺装	4.87×10^5	9.68×10^4	9.40×10^1
排水管网＋绿色屋顶	5.02×10^5	9.98×10^4	3.34×10^2

根据暴雨径流模型的模拟，研究区无 LID 时，径流量为 $5.61 \times 10^5 \mathrm{m}^3$；以截流 5mm 初期径流为条件，初期雨水截流量为 $1.11 \times 10^5 \mathrm{m}^3$。分别增设下凹式绿地、渗透铺装和绿色屋顶三种 LID 控制措施以后初期雨水截流量分别减少了 72％、13％和 10％。

研究区无 LID 时，研究区溢流两次，溢流量为 $1.6 \times 10^3 \mathrm{m}^3$。分别增设下凹式绿地、渗透铺装和绿色屋顶三种 LID 控制措施以后溢流量分别减少了 55%、94%和 79%。

13.3.3 碳排放计算

LID 控制措施的生命周期包括建设、运行、维护及废弃回收等阶段。这里重点介绍建设和运行阶段的碳排放。

(1) 建设阶段

LID 建设阶段的碳排放主要来自建设材料生产、材料运输、建设施工。LID 建设所需的材料主要有植被、透水砖、沥青、土壤、砾石、沙和 PVC 穿孔管等。

首先，根据 LID 控制措施设计参数及研究区域的面积，计算出不同情景下各种建设材料的用量；其次，根据英国环保署的碳排放计算器数据库中建筑材料的碳排放系数，可计算出建设材料生产的碳排放。

假定运输方式均为汽油卡车，运输能耗为 2.42MJ/(t·km)。据 2003 年统计数字，我国平均货物运送距离达到 61km。根据建设材料的质量、平均运送距离、单位运输能耗以及化石燃料的排放因子，即可算出运输建设材料产生的碳排放。

根据 LID 控制措施设计参数及研究区域的设置面积，结合施工规范手册，计算出开挖/移除土方、平整土方和起重机搬运的工程量。由施工方式的单位能耗，从而得出本书中施工过程的能耗。假设所用施工设备均采用柴油供能，施工设备的效率均为 60%，得出施工过程消耗的柴油量；再根据化石燃料的排放因子，得到施工的碳排放。由于施工过程的碳排放主要来自设备使用，并且本书为基于规划的碳排放计算，缺乏工人活动的具体数据，故对于建筑工人活动产生的碳排放忽略不计。

本书的三种 LID 控制措施建设阶段的碳排放见表 13-5。

表 13-5　建设阶段碳排放

Table 13-5　Carbon emissions during construction phase

阶段	下凹式绿地		绿色屋顶		下渗型渗透铺装		防渗型渗透铺装	
	碳排放 (tCO₂e)	占建设阶段总量的比例（%）	碳排放 (tCO₂e)	占建设阶段总量的比例（%）	碳排放 (tCO₂e)	占建设阶段总量的比例（%）	碳排放 (tCO₂e)	占建设阶段总量的比例（%）
材料生产	2.05×10^3	53.95	1.59×10^3	79.17	4.40×10^3	75.38	1.21×10^4	90.83
材料运输	7.82×10^2	20.55	3.39×10^2	16.82	8.43×10^2	14.43	3.45×10^2	2.59
建设施工	9.71×10^2	25.51	80.7	4.01	5.95×10^2	10.19	8.76×10^2	6.58
总计	3.80×10^3	100	2.01×10^3	100	5.84×10^3	100	1.33×10^4	100

建设阶段，材料生产的碳排放占该阶段碳排放的 $53\%\sim91\%$。从碳排放总量上看，渗透铺装产生的碳排放最多，其次为下凹式绿地，绿色屋顶最少。但是，建设三种措施的材料种类、用量（面积）各不相同，不能直接进行结果比较。为了便于比较，在此进一步计算出下凹式绿地、绿色屋顶、下渗型渗透铺装和防渗型渗透铺装单位面积建设碳排放分别为 $63kg\ CO_2e/m^2$、$25kg\ CO_2e/m^2$、$104kg\ CO_2e/m^2$ 和 $138kg\ CO_2e/m^2$。而在无 LID 的传统开发模式中，普通人行道和普通公路建设的碳排放为 $70kg\ CO_2e/m^2$ 和 $81kg\ CO_2e/m^2$。在与传统开发模式进行比较时，假设下凹式绿地和绿色屋顶是在传统模式基础上增加的设施，而下渗型渗透铺装和防渗型渗透铺装分别替换了传统模式中的普通人行道和普通公路。因此，与传统开发模式相比，建设下凹式绿地、绿色屋顶、下渗型渗透铺装和防渗型渗透铺装等 LID 设施增加的碳排放分别为 $63kg\ CO_2e/m^2$、$25kg\ CO_2e/m^2$、$34kg\ CO_2e/m^2$ 和 $57kg\ CO_2e/m^2$。

（2）运行阶段

运行阶段的碳排放主要包括将初期雨水输送到污水处理厂的碳排放；将管网溢流抽取到附近河流的碳排放。表 13-4 中已经给出了不同情景下研究区初期雨水截流和管道溢流量。采用 11.4 节同样的方法，可以计算出不同情景下初期截流和溢流控制产生的碳排放，见表 13-6。在 2009 年降雨条件下，与传统开发模式相比，下凹式绿地、绿色屋顶和渗透铺装削减的碳排放分别为 72%、13% 和 10%。

表 13-6　不同情景下运行阶段的碳排放　（单位：$kg\ CO_2e/a$）

Table 13-6　Carbon emissions during operational phase in different scenarios

（unit：$kg\ CO_2e/a$）

情景	初期截流的碳排放	溢流控制的碳排放	总碳排放	总碳排放削减
无 LID	3.546×10^4	89.61	3.555×10^4	——
下凹式绿地	9.935×10^3	40.27	9.975×10^3	72%
绿色屋顶	3.092×10^4	5.265	3.093×10^4	13%
渗透铺装	3.188×10^4	18.71	3.190×10^4	10%

参 考 文 献

陈正洪，王海军，张小丽. 2007. 深圳市新一代暴雨强度公式的研制. 自然灾害学报，16（3）：29-34.

顾道金，朱颖心，谷立静. 2006. 中国建筑环境影响的生命周期评价. 清华大学学报（自然科学版），12：1953-1956.

洪忠. 2010. 城市初期雨水收集与处理方案研究. 中国农村水利水电，6：013.

李卓熹. 2013. 基于低冲击开发的暴雨径流控制及其碳排放——以深圳光明新区为例. 北京：北京大学硕士研究生学位论文.

李卓熹，秦华鹏，谢坤. 2012. 不同降雨条件下低冲击开发的水文效应分析. 中国给水排水，28（21）：37-41.

尚春静，张智慧. 2010. 建筑生命周期碳排放核算. 工程管理学报，24（1）：7-12.

王雯雯，赵智杰，秦华鹏. 2012. 基于 SWMM 的低冲击开发模式水文效应模拟评估. 北京大学学报（自然科学版），48（2）：303-309.

杨建新，徐成，王如松. 2002. 产品生命周期评价. 北京：国家气象出版社.

Keifer C J, Chu H H. 1957. Synthetic storm pattern for drainage design. Journal of the hydraulics division, 83（4）：1-25.

Qin H P, Li Z X, Fu G T. 2013. The effects of low impact development on urban flooding under different rainfall characteristics. Journal of Environmental Management, 129：577-585.

Woods-Ballard B, Kellagher R, Martin P, et al. 2007. The SUDS Manual. London：CIRIA.

第14章 城市污水处理系统碳减排

Chapter 14　Carbon Emissions Reduction in Urban Wastewater Treatment System

污水处理过程的碳排放占城市水系统碳排放的比例较大。本章将从设备优选、过程优化、工艺优选与改进、能源回收与新能源的利用四个方面分析城市污水处理系统的碳减排途径。

14.1　设　备　优　选

污水处理厂的电耗在运营费用中一般占到 40% 左右，通过设备优选可降低电耗。输送泵、曝气装置是厂区的主要耗电设备。通过对这些设备采取合理的节能措施，将大大节省污水处理厂的人力、物力、财力，达到节能减排效果。

14.1.1　提升泵

提升泵设施主要有初次提升泵、污泥回流泵、剩余污泥泵、内回流泵以及出水提升泵。提升泵的电耗一般占全厂电耗的 10%～20%，是污水处理厂的节能重点。姚远等（2010）提出提升泵的节能首先应从设计入手，精确计算水头损失，合理确定泵扬程，进行节能设计；对于已投产的污水处理厂，仍能通过加强管理或及时更换部分配件进行节能。

（1）降低水头损失

污水处理厂的各个构筑物总体布局尽量紧凑，尽量减少弯头和阀门，连接线路尽量短，最大限度地减少连接管道的水头损失；减少跌流的落差，如将非淹没式的堰改成淹没式的堰，水流的落差可以减小 25cm；尽量利用自然地势实现污水自流或者利用自然落差补偿部分污水管路水头损失；采用阻力系数小的管材，减少污水的沿程水头损失。

（2）合理确定水泵的型号和台数

选用流量和扬程尽量符合设计要求的污水提升泵，尽量减少水泵台数，选用高效率的污水泵，如液下泵、潜污泵。与普通卧式离心泵相比，这些泵安装形式简单，没有吸水管和启动辅助设备，在直接能耗相同时，间接能耗要低得多。WG/WGF 型（W—污水，G—高扬程，F—耐腐蚀）污水泵在同一工况下比 PW

型（P—杂质泵，W—污水）污水泵效率高。另外，水泵机组应尽量采用同一泵型号，以便维修管理。不同流量大小搭配的水泵，牌号应尽量一致。

对污水提升流量进行调节时，要避免用阀门来调节，可采用调速泵或多台定速泵组合调节方式。当采用水泵调速时，调速水泵应该选用大机组和台数少的调速水泵。

（3）采用合理的流量控制

污水量往往随着季节、天气、用水时间等变化，目前的做法是采用最大小时流量作为选泵依据。实际上水泵全速运转的时间不超过 10%，大部分时间水泵处于低效运转，从水泵的轴功率 $N=N_u/n$（n 为运转效率）看，水泵处于高效运转状态下可以节省大量电能。因此，应选择合适的调控方式，合理确定水泵流量，保持水泵的高效运转。

李双祥等（2004）研究表明水泵变频调速节能技术节能效果可达 45% 以上；庄兆意等（2008）研究表明变频技术对污水系统节能效果达 45.70%~89.30%。夏龙兴和吴蓉（2004）对郑州市某公司输水泵站的节能方案进行了研究，结果表明，通过合理应用水泵调速技术和优化运行，可以降低能耗 21.6%~39%。

14.1.2 曝气系统

曝气系统的电耗占到总能耗的 40%~70%，占到了总能耗的绝大部分。曝气系统的节能可分为两方面，一是降低单位供风量的电耗，用最少的电耗提供更多的风量；二是提高对供风的利用率，使进入曝气池压缩空气中的氧气得到最大程度的利用（白天喜，2012）。前者主要涉及降低管道阻力、提高风机效率和减少管路漏气方面的问题，而后者则涉及更广，与污水水质、曝气器性能（主要是孔径大小、老化程度）、曝气器的布置方式、曝气池形状和深度等多个因素有关。为了能够尽可能地节约能源，降低曝气系统的能耗，在实际运行的污水处理厂中，主要从如下几个方面进行节能设计和控制。

（1）鼓风机

鼓风机的功率既与鼓风机、电机的效率有关，也与气体密度、入口气温、过滤器压降、出口压力等多个因素有关。要实现风机的节能降耗，可以考虑采用减少运行时间、采用高效设备、减少空气阻力等多种方法，并特别注意以下几点。

1）加强对室外空气的管理，增加室外空气的用量，将鼓风机尽量靠近外墙，同时鼓风机应安装在曝气池的上风向，以防空气中水蒸气含量太高。采取遮阳措施或者通风塔以降低温度；鼓风机房附近不要含尘太多，因此，应与污泥干化车间保持一定的距离。进风间不宜朝阳以免温度升高。夏季进风间需要遮阳；当风机进风口受水汽污染较大时（如靠近沉淀池且在下风向），可更改进风方向。

2）减少空气管网的漏气量，包括阀门外和管道连接处的漏气。若在曝气池附近存在很大的气流噪声，说明管线正在漏气。

3）回收鼓风机冷却水。鼓风机功率较大时通常采用水冷方式进行冷却。这样，冷却水带走了鼓风机的热量使水温升高，这部分热量可考虑回收。在北方，将经过鼓风机的冷却水作为锅炉的补充水，可以节约相应的预热能力。

4）降低出口压力。很多情况下，鼓风机的供风压力均高于系统所需压力。通过生产实践，可以找到最小设定压力。如果降低出口压力设定值，就相应地降低风机能耗。系统压力每降低 1psi[①]，可节能 0.3%～0.6%。

5）保持进风的顺畅，减少进风的阻力。包括适当加大进风间截面面积和连接鼓风机管道面积，以降低进风速度；滤布的滤孔可以适当加大，以减少不必要的阻力。一般来说，只需对直径 10μm 及以上的尘埃去除率≥95% 即可，这时既不会影响曝气器和鼓风机的安全使用，也使得整体效率提高，特别要注意鼓风机房附近的防尘。

（2）变频调速器的运用

鼓风机的风量只能通过出气阀门进行调节，根据国内资料，实际应用中鼓风机出气阀的开度通常只有 50%～70%，变频调速器应用于鼓风机，节能效果将非常明显。曝气量的调节一般可采用两种方法：①调节阀门；②调节风机转速。比较而言，调节风机转速具有较明显的节电效果。

（3）合理控制曝气系统风量

污水处理厂曝气系统的设计规模常根据时高峰或日高峰需氧量来确定，但高峰需氧量一般发生的时间很短。而在实际运行中，只要合理控制，活性污泥可以在氧不足的情况下正常地运行相当一段时间，而不会产生大的问题，也不会影响出水水质。因为，在氧不足条件下运行几天时间，才会发生丝状菌大量繁殖、沉降性能恶化的现象。这样就可以按照略小于高峰需氧量来设计曝气系统的规模，使其具有更高的总能效，前提是不能严重缺氧，以致出水中溶解性 BOD 超过 $15～20mg/L$。曝气设备的供氧设计规模越接近平均需氧量，曝气系统的总能效就越高。

（4）曝气装置

采用微孔曝气器可以减小气泡体积，以增大表面积，提高曝气池内氧的利用率，是最有效的节能措施。但维护工作量较大，老化和堵塞是两个主要问题。因此曝气装置的选择主要应考虑下列因素：

1）氧利用率、转移动力效率高，节能效果好；

2）装置不易堵塞，操作简单、事故维护管理方便；

---

① 1psi＝6.894 76×10³Pa。

3) 结构设计简单，工程造价低。

管式曝气器在国外污水处理厂曝气系统应用广泛，管式曝气器是一种高效节能的微孔曝气器，其优点如下：①通气量大；②氧利用率高；③阻力损失小；④服务面积大；⑤长期运行稳定性好；⑥提高生物处理效率，降低能耗，节约运行费用。

(5) 合理布置曝气器

根据微生物分解有机物的过程可以发现，氧的利用速度是随着反应的进行而不断降低的。曝气池内的溶解氧分布状况极不均匀，溶解氧浓度梯度明显，造成能源浪费。合理的曝气器布置方式根据有机物含量、微生物量来确定布置的疏密程度。根据谷成国和宋剑锋（2008）的应用经验，采用三段并联渐疏或串联渐疏形渐减曝气（35%、30%、25%）后可节能15%。

(6) 扩散曝气

溶解在水中的 BOD 在进行分解时需要大量的氧气，通常是使用表面曝气池来提供。而研究表明这种方式耗能较大。如果将氧气直接注入废水中则使得BOD 与之反应的概率加大，从而达到节能的目的。

14.1.3 其余设备

厂区安装节能灯，以降低能耗。对于混凝澄清设备、刮泥板、加氯机、紫外线消毒机、污泥压榨机和消化池等设备的选择和运行必须在精确的设计运算下进行，以提高其工作效率及自动化程度。

目前，用氯对废水进行消毒已经被广泛使用。然而，它有难以储存和一旦过量使用则会致毒等缺点。研究表明，使用紫外线灯的方法代替氯，不仅可以避免这些危险，还可以减少碳足迹。Hamby（2006）的研究表明，这两种方法所需设备的安装和维修费用相差不多，然而在碳排放方面具有较大差异。将紫外光灯与传统的氯气以及固态次氯酸盐消毒的方式加以比较，发现在整个过程中使用紫外光灯大约可以减少一半的二氧化碳排放。

14.2 过程优化

一般的污水处理工艺设计在曝气、回流等运行环节往往采用定值运行，而实际污水无论水量还是水质均在时刻变化，恒定的曝气与回流运行控制与其不相匹配，污水/污泥提升泵、回流泵和鼓风机等动力设备并非时刻处于最佳运行状态，从而造成能量浪费或出水水质难以达标。这就需要一种能应对动态水量、水质变化的运行控制技术对污水处理过程进行优化，使曝气量、回流量与水量、水质实时匹配。

过程优化技术需要将在线检测技术、数学模拟技术和交流变频调速技术相结合。其中，水质、水量在线监测技术起到在线信息实时传递的作用；数学模拟技术进行工艺优化，实时提供与水量、水质对应的曝气量、回流量等控制参数，为变频调速设备提供准确的调控指令；交流变频调速技术可以实现精准曝气、合理控制回流量，从而保证设备处于高效运行状态，使处理工艺处在最佳运行工况。

污水处理厂中鼓风曝气单元和进水泵房单元的耗电量最大。因此，一般是在进水泵房、鼓风曝气两个重点单元进行智能控制的基础上，实现污水处理厂的整体优化控制（赵冬泉等，2009）。进水泵房可以采用多级动态液位控制策略，其技术特点如下：

1）根据进水的历史规律和水泵的组成情况，确定不同泵数开启组合以及液位控制条件；

2）跟踪进水的日变化情况和每天的启停统计数据，动态修正液位控制条件以及泵站组合情况，利用液位在安全范围内的波动抵消来水量的瞬时变化，保持进水的平稳化；

3）根据动态液位控制条件，选择最佳的水泵启停切入点，优化水泵的编组运行方式，减少水泵的启停次数；

4）采用优先级轮换的方式，使每台泵运行总时间保持近似相等，延长水泵使用寿命；

5）在确保管网不溢流的情况下，尽量保持集水池的平均液位在较高的安全水位，减小水泵扬程，降低提升能耗，并根据泵的特征曲线，设法使提升泵工作在效率较高的工况点；

6）利用变频技术，用水量渐变调整替代工频泵的跳变调整，减少对后续处理单元的影响。

曝气单元智能控制的技术特点如下。

1）保持曝气池各段的曝气量能满足生化反应的需要，保持工艺的稳定运行。该系统通过对各个电动阀门开度的智能调节，使得各个供气支管的曝气量恰好能满足当前曝气池中各段生化反应所需要的空气量，有利于微生物种群的生长繁殖，从而保证生化单元工艺的稳定运行。

2）适应城市污水处理厂进水的水质和水量的变化，保持曝气池中溶解氧浓度的稳定。可根据分布在各个供气支管上气体流量计测定值的历史统计规律，反映污水处理厂进水水质和水量变化的综合结果，并通过溶解氧测定仪的测定值进行阀门开度的修正调节，使得即使在污水处理厂进水水质和水量发生剧烈变化的情况下，曝气池中的溶解氧浓度仍然能保持稳定。

3）降低曝气单元的能耗，节省曝气单元运行费用，采用该技术可以稳定控制溶解氧浓度，因此可以降低溶解氧浓度的设定值，减少鼓风机实际输送的气体质量，从而降低曝气单元的能耗。

4）一个实用的控制算法必须考虑现场可能会出现的各种仪表设备故障条件。在该算法中，可以对控制涉及的仪表设备的状态进行自动识别，并实现不同状态模式下，控制方法的自动切换和设备异常的多种控制模式，从而保证即使在部分设备发生故障的情况下，也不会影响生化单元的正常安全运行。

5）对于新建污水处理厂，采用该智能控制方法，只需要对传统自控系统设计中的相关仪表设备（溶解氧测定仪、气体流量计、电动控制阀门）的安装位置和数量进行优化调整，配合工艺平面图和供气系统的设计，合理部署仪表设备，就能为智能控制的实施提供良好的硬件条件；然后将传统自控系统中的可编程逻辑控制器（PLC）控制柜替换为智能系统中的核心控制柜，通过智能控制算法的调试和优化，就可以同时实现传统自控系统的相关功能和智能控制系统的自动化控制功能。

14.3　工艺优选与改进

污水处理工艺的选择在很大程度上决定了投资与运行成本，也决定了能耗与排放物量。因此，选择的工艺必须具备技术先进、处理效率高且投资及运行成本低，同时能耗和排放物少，操作和维修简单的特点。

14.3.1　一级处理工艺

一级处理投资少，能耗低，管理简单，可去除一定的有机物，故可通过强化沉降、分离、絮凝等工序，采用中和法，提高格栅和沉砂池效率等方法来强化一级处理，从而降低二级处理负荷和运行成本，达到系统节能目的。表 14-1 中的五种强化一级处理工艺均能提高一级处理设施的去除效率，以降低二级处理能耗。

其中，对于有机物的去除率：化学-生物絮凝＞化学强化＞生物絮凝＞预曝气工艺＞水解工艺；五种一级强化处理工艺对悬浮物的去除率均在 80％左右；对于中低浓度一级处理工艺能达到一级排放标准。强化一级处理的具体优势见表 14-2（赵宝江等，2010）。

表 14-1　强化一级处理工艺及其特点

Table 14-1　Enhanced primary treatment and its characteristics

工艺	特点
水解	将厌氧发酵过程控制在水解与产酸阶段。当污泥自下而上通过污泥层时，进水中悬浮物质和胶体物质被厌氧生物絮凝体凝聚，截留于厌氧污泥絮体表面，慢慢地被微生物分解
预曝气	污水进入沉淀池前进行预曝气，以改善悬浮物的沉淀性能，促使悬浮物相互碰撞絮凝，使比重接近于1的微小颗粒经絮凝后在沉淀池内被去除。仅适用于处理规模较大，可设置曝气沉砂池，且剩余污泥量足以连续排放的污水处理厂
生物絮凝吸附	利用微生物的絮凝吸附作用快速去除污染物质，同时伴有少量的生物氧化。流程简单，运行费用较低。对有机物去除率较高，但对氨氮和磷几乎没有去除效果
化学絮凝	通过投加混凝剂以强化污水净化效果，对水中悬浮固体、胶体物质和磷的去除具有明显效果
化学-生物联合絮凝	以化学絮凝沉淀为主、生物絮凝为重要辅助作用，将化学絮凝强化处理与生物絮凝强化处理相结合，达到处理效果稳定可靠、明显降低药剂消耗量、降低处理成本的目的

表 14-2　一级处理与强化一级处理效率比较　　　　（单位：%）

Table 14-2　Efficiency comparison between primary treatment and enhanced primary treatment

(unit：%)

工艺	悬浮物	生化需氧量	总磷	细菌
一级处理	50~60	25~40	10	——
强化一级处理	90	50~70	80~90	80~90

14.3.2　二级处理工艺优选

传统的污水二级处理工艺以能消能，消耗大量有机碳源，剩余污泥产量大，同时释放较多温室气体到大气中。在污水处理过程中，减少碳源、化学药剂的投加有助于降低间接能耗。选择硝化/反硝化、厌氧氨氧化、反硝化除磷等工艺，可以在一定程度上避免外加碳源。

(1) 短程硝化/反硝化工艺

在传统脱氮途径中，硝化/反硝化生物脱氮途径存在大量的能耗问题。事实上，硝化过程分为两步，即氨氮（NH_4^+）转化为亚硝酸氮（NO_2^-）的亚硝化过程与亚硝酸氮（NO_2^-）转化为硝酸氮（NO_3^-）的硝化过程。短程硝化/反硝化是通过创造亚硝酸菌优势生长条件，将氨氮氧化稳定控制在亚硝化阶段，使亚硝酸氮成为硝化的终产物和反硝化的电子受体，短程硝化/反硝化技术可节约近25%的需氧量和近40%的碳源，减少约50%的污泥量（图14-1）（郝晓地等，2010）。荷兰 Delft 科技大学 1997 年对短程硝化/反硝化工艺-SHARON 工艺的开发，具有良好好氧反硝化作用细菌 ThisophaeraPantotropha 的发现，说明了这些新型工艺的可行性。表14-3 则列出了短程硝化/反硝化较全程硝化/反硝化的优势。

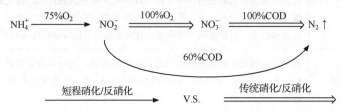

图 14-1　传统与短程硝化/反硝化

Figure 14-1　Traditional and shortcut nitrification/denitrification

表 14-3　短程硝化/反硝化与全程硝化/反硝化的比较

Table 14-3　Comparing shortcut nitrification and denitrification to traditional nitrification and denitrification

项目	节约供氧量	节约有机碳源	减少污泥量		投碱量	反应时间	容积
			硝化过程	反硝化过程			
比例	≈25%	≈40%	24%~33%	≈50%	减少	缩短	减少

(2) 厌氧氨氧化工艺

20 世纪 80 年代末发现了一种氨氮转化新途径——厌氧氨氧化（ANAMMOX）（图14-2）（郝晓地等，2010）。该途径是在厌（缺）氧环境下以 NO_2^- 作为电子受体直接氧化到 N_2^- 的过程，并不涉及供氧及碳源消耗问题，所以这是一个典型的氨氮低碳转化途径，可将生物脱氮过程提升为可持续方式。

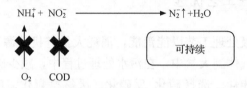

图 14-2　厌氧氨氧化过程示意图

Figure 14-2　Anaerobic ammonia oxidation process

ANAMMOX 过程实现的前提是需有足够的 NO_2^- 作为电子受体。因此，这种自养脱氮技术的核心是首先实现短程硝化。当前，工程上实现短程硝化的技术有中温亚硝化（SHARON）和生物膜内亚硝化（CANON）两种。荷兰鹿特丹 Dokhaven 污水处理厂已将 SHARON 与 ANAMMOX 成功用于污泥消化液的高氮处理，其他工程应用也陆续在荷兰、日本、中国等开展。与传统硝化/反硝化过程相比，SHARON 与 ANAMMOX 的组合工艺可使 CO_2 排放量减少 88%、运行费用减少 90%。继 SHARON 与 ANAMMOX 的组合自养脱氮工艺之后，2007 年起在荷兰已有两处 CANON 工程应用实例，分别用于土豆加工和制革废水的高氨氮处理。目前，由同一荷兰公司承建的两座 CANON 反应器（用于玉米淀粉等高氮废水的处理）正在或将在我国运行，其中一座处理能力为 11t N/d，它是迄今为止全球氮处理能力最大的 CANON 装置。

（3）反硝化除磷工艺

传统观念认为，生物脱氮与除磷是彼此独立、互不相关的两个过程，即脱氮与除磷是在两类完全不同的细菌作用下完成的生物过程。然而，工程实践中却发现自然界存在一类可以在缺氧环境下过量摄磷的细菌，在摄磷的同时将 NO_3^- 或 NO_2^- 还原为 N_2（反硝化），这类细菌被称为反硝化除磷菌（DPB）（图 14-3）（郝晓地等，2010）。实际上，将传统反硝化脱氮与生物除磷有机结合在一起，可以节省约 50% 的 COD 和 30% 的 O_2。可见，DPB 细菌在低碳运行方面有着举足轻重的作用。

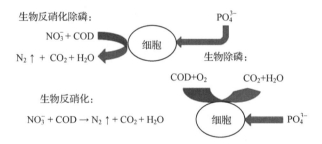

图 14-3　反硝化除磷与传统反硝化和除磷过程示意图

Figure 14-3　Denitrifying phosphorus removal V. S. traditional
denitrification and phosphorous removal

反硝化除磷可以将生物脱氮与除磷合二为一，不仅节省碳源，而且可将多余的 COD 转化为 CH_4 能源。较早的南非 UCT 工艺及目前盛行的 A^2/O 工艺虽然在研发时并没有意识到 DPB 细菌的存在，但是这种厌氧→缺氧→好氧动态循环的工艺流程恰恰是 DPB 细菌繁殖、生长的必要动态环境。实际上，对 DPB 细菌的发现与认识便是源于 UCT 与 A^2/O 工艺。

目前，已经十分成熟的反硝化除磷工艺——BCFSÓ，极大地改进了 UCT 工艺性能，将 DPB 细菌的生存环境与运行控制做到了极致。一种演示反硝化除磷能力的双污泥工艺——A_2N 已向人们充分展示了 DPB 细菌在同步脱氮除磷中的巨大能力与潜力。然而，这种工艺需要设置高效中间沉淀池，且在实际应用中很难保证充足的 NO_3^- 电子受体。所以，A_2N 难以成为工程应用的实际工艺。

（4）人工湿地

此外，人工湿地系统具有建造成本和运行成本低、能耗小、出水水质好、操作简单等优点，故可采用人工湿地、生态工程单独运行或与生化处理污水相结合的方式，利用自然界的水体、土地、植物和微生物的物理、化学、生物作用，去除污水中的悬浮物、溶解态有机物、N、P 以及重金属等，进一步提高出水水质。这将大大降低能耗，减少污染物排放，达到节能减排和景观效应。对于经济实力较弱和拥有大量闲置土地的地区，这将是切实可行的污水处理方法，国内外已有诸多地区建成了人工湿地及生态工程用于处理污水的实例。

14.4　能源回收与新能源利用

污水处理本身属于能源密集型的综合技术，能耗大、运行费用高。一般污水处理厂预算运行费用的 30% 是能源消耗。污水处理厂拥有的能量主要为污染物所含的潜在化学能，如按我国目前的污水水质浓度折算，每人每年排放化学需氧量（COD）约 21.9kg，通过工程技术可以将其转化为 87.5kW·h 的能量（孟德良和刘建广，2002）。由此可见，污水中蕴涵的能量是极其丰富的，基于循环经济和可持续发展的阐释，污水是能源与资源的载体，如何回收这部分的能量具有深远意义。

传统意义上的污水处理主要对象——有机物（COD）是一种潜在的含能物质，实际上是一种绿色能源。相反，通过曝气、利用微生物代谢作用去除 COD 的做法无异于"以能消能"，是一种不可持续的处理方式。因此，将污水中的 COD 视为能源载体的崭新理念将有可能改变这一传统现状。

污水中蕴涵的能量总体可以分为污水中有机成分蕴涵的化学能以及污水的物理热能。

14.4.1　有机能源回收

对污水中的有机化学能的回收主要通过剩余污泥的开发利用来实现。

（1）污泥发酵产沼气

该技术共分为两个步骤：第一步将污泥厌氧消化，即污泥在厌氧条件下，由兼性菌和专性厌氧菌（甲烷菌）降解有机物，分解最终产物为 CO_2 和 CH_4；第二步是燃烧甲烷气使发动机转动，将消化气的能量转变为轴动力，然后用发电机使之转化为电能（郭莉娜等，2012）。

许多污水处理厂利用污泥消化所产生的沼气烧锅炉为污泥消化池加热或为污水处理厂生活提供炊事、采暖、洗浴的热源。同时沼气可作为往复式发动机和汽轮机的主要燃料来源，以发动机的动力来驱动发电机发电。另外，沼气燃料电池是一种将沼气化学能转换为电能的装置，它所用的燃料并不燃烧，而是直接产生电能，具有清洁、高效、噪音低等优点。

厌氧消化产甲烷从 COD 中所转化的能量（50%～60%）适中，所需要的技术和设备较为简单，非常容易实现工程化。有实例研究表明污水处理厂所产生的 CH_4 燃烧后产生的能量足够污水处理厂运行中曝气、污泥脱水及污泥焚烧所需。

（2）污泥燃烧发电

污泥直接焚烧发电这种方式的能量转化效率高达 80% 左右，但污泥焚烧在工程实施时所需的设备较多，污泥焚烧厂的兴建规模也很大。具体地说，首先是要对高含水率（95%～97%）的污泥进行机械脱水处理或以堆肥方式蒸发水分；其次是投资焚烧、发电设备。这种方式能量转化效率虽然高，但所需设备成本很高，所以实际应用的工程实例并不多见。

（3）污泥热解制油技术

热分解技术不同于焚烧，它是在氧分压较低状况下，对可燃性固形物进行高温分解生成气体产油分、炭类等，以此达到回收污泥中潜能的目的。热解制油就是通过热分解技术，将污泥中含碳固形物分解成高分子有机液体（如焦油、芳香烃类）、低分子有机体、有机酸、炭渣等，其热量就以上述形式贮留下来。污泥中的炭有约 2/3 可以以油的形式回收，炭和油的总回收率占 80% 以上；而热解制油技术中油的回收率仅有 50%。但由于热解法只需提供加热到反应温度的热量，省去了原料干燥所需的加热量，能量剩余较高，为 20%～30%（一般在污泥含水率 80% 以下的情况下）。

（4）污泥生物制氢

污泥制氢技术主要有污泥生物制氢、污泥高温气化制氢，以及污泥超临界水气化制氢。三种制氢技术相比较，超临界水气化制氢技术具有良好的环保优势和应用前景，目前已积累了一些试验研究结果。该技术是一种新型、高效的可再生能源转化和利用技术，具有极高的生物质气化与能量转化效率、极强的有机物无害化处理能力、反应条件比较温和、产品的能级品位高等优点。与污泥的可再生性和水的循环利用相结合，可实现能源转化与利用以及大自然的良性循环。在超临界水中进行污泥催化气化，污泥的气化率可达 100%，气体产物中氢的体积分数甚至可以超过 50%，且反应不生成焦炭、木炭等副产品，不会造成二次污染，具有良好的发展前景。

但是生物产氢能量转化效率较低，难以突破 30%。从另一角度看，虽然 H_2

本身属于一种清洁能源，用它发电不产生 CO_2，不可忽略的是这种 H_2 的产生同样源于 COD，在产生 H_2 的同时也伴随着 CO_2 的出现，以至于这种产氢方式实际上并非清洁能源。

14.4.2　污水中物理热能的利用

城市污水中赋存的热能已被公认为是尚未有效开发和利用的清洁能源。污水中的物理热能的利用主要有两种方式（吴立俊和杨立波，2013）。

（1）污水中物理热能的直接利用

将污水的物理热能直接应用于处理工艺之中。SHARON（中温亚硝化）和 BABE（生物强化/间歇富集）技术便是利用污泥消化液中的余温（30℃左右），不仅为生物处理提供了最佳的环境条件，也避免外加能源的消耗。

（2）利用热泵技术回收低位热能

污水四季温度变化小、流量大而且稳定、贮存热量大，因此，污水中蕴涵的低位物理热能被公认是可开发利用的清洁能源，已成为国内外应用的热点。热泵是通过做功使热量从温度低的介质流向温度高的介质的装置。从城市污水中提取热量的热泵系统即称为污水水源热泵系统。冬季工作时，城市污水流入蒸发器将放出其赋存的热量，同时蒸发器中的制冷剂吸收热量，蒸发进入冷凝器。制冷剂蒸汽在冷凝器中放出热量并加热热媒（水），满足供热系统的需要。冷凝后的制冷剂恢复液态进入膨胀阀，进行绝热膨胀，达到很低的温度。最后制冷剂回到蒸发器，进行下一轮循环。夏季工作时，其工作流程正好与冬季热泵的工作流程相反。制冷剂连续地经过膨胀、冷却、吸热的过程，就可以将城市污水中赋存的冷量转移到需要制冷的系统中去，达到制冷的目的。

在整个工作流程中，污水经过换热设备后留下冷量或热量返回污水干渠，污水与其他设备或系统不接触，密闭循环，不污染环境与其他设备或水系统。供热时省去了燃煤、燃气、燃油等锅炉房系统，没有燃烧过程，避免了排烟污染；供冷时省去了冷却水塔，避免了冷却塔的噪声及霉菌污染；不产生任何废渣、废水、废气和烟尘，环境效益显著。在节能方面，污水源热泵系统能效比高达 4.5～6.0，比传统中央空调节省 30%～40% 的运行费用。除此之外，污水源热泵系统利用的是城市污水，节约了大量水资源。

目前，挪威、瑞典、日本等国家非常重视对这一能源的利用；挪威奥斯陆早在 1980 年便开始利用城市污水作为低温热源回收污水中的物理热能，第一台热泵机组于 1983 年投入使用。我国在利用热泵技术回收低位热能方面尚处于起步阶段，发展潜力巨大。

14.4.3　新能源的利用

伴随着能源危机、环境危机的不断加剧，传统能源的使用无论从数量还是环境方面都不能适应未来的发展需求，寻求替代的可再生能源和清洁能源是当务之急。

除污泥有机能源、污水物理热能等开源途径外，美国、欧洲等已提出了在污水处理曝气池上铺设太阳能板收集太阳能的设想。在曝气池上铺设太阳能板不仅可以利用太阳能，也可以起到密闭保温与收集有毒、有害气体（如硫化氢、氮氧化物）进行集中处理的作用。

为达到污水处理"碳中和"的目的，美国、欧洲等甚至提出建立风力发电机组的大胆设想。在适合建立风机的风场发电，以"碳信用"（carbon credit）的方式可以就近按"碳权"交易获取等量当地能源。

同时，由于地域性的差异，在设计中某种单一的能源可能无法满足使用要求，这就需要考虑多种能源的结合使用。

参 考 文 献

白天喜. 2012. 城市污水处理厂的能耗研究与节能分析. 西安：长安大学硕士学位论文.

谷成国，宋剑锋. 2008. 城市污水处理厂鼓风曝气阶段的节能降耗研究. 环境保护科学，34（5）：26-28.

郭莉娜，王伯铎，贺亮. 2012. 城镇污水处理厂低碳运行机制研究. 生态经济（学术版），1：101.

郝晓地，涂明，蔡正清，等. 2010. 污水处理低碳运行策略与技术导向. 中国给水排水，24：002.

李双祥，王健飞，关建平. 2004. 变频调速器在泵站设备动力的应用及节能. 应用能源技术，3：32.

孟德良，刘建广. 2002. 污水处理厂的能耗与能量的回收利用. 给水排水，28（4）：18-20.

吴立俊，杨立波. 2013. 污水处理厂的节能降耗及能量回收探讨. 宝钢技术，1：58-61.

夏龙兴，吴蓉. 2004. 低扬程取水泵站节能技术与优化运行. 中国给水排水，30（10）：96-98.

姚远，张丹丹，楚英豪. 2010. 城市污水处理厂中的能耗及能源综合利用. 资源开发与市场，26（3）：202-205.

赵宝江，李江，王丽萍. 2010. 污水处理厂节能减排的实现途径分析. 环境保护与循环经济，30（011）：49-52.

赵冬泉，佟庆远，王浩昌，等. 2009. 城市污水处理全流程节能降耗途径与技术集成. 给水排水动态，2：008.

庄兆意，贾睨烨，孙德兴. 2008. 变频技术在污水源热泵系统中的应用研究. 可再生能源，26（5）：63-67.

Hamby S. 2006. A comparison of operating strategies-Chlorine vs UV. Proceedings of the Water Environment Federation，5：6396-6402.